Madhu Choudhary
Neelam Garg
HanumanSahay Jat

AGRICULTURA DE CONSERVAÇÃO E DIVERSIDADE MICROBIANA DO SOLO

Madhu Choudhary
Neelam Garg
HanumanSahay Jat

AGRICULTURA DE CONSERVAÇÃO E DIVERSIDADE MICROBIANA DO SOLO

ScienciaScripts

Imprint
Any brand names and product names mentioned in this book are subject to trademark, brand or patent protection and are trademarks or registered trademarks of their respective holders. The use of brand names, product names, common names, trade names, product descriptions etc. even without a particular marking in this work is in no way to be construed to mean that such names may be regarded as unrestricted in respect of trademark and brand protection legislation and could thus be used by anyone.

Cover image: www.ingimage.com

This book is a translation from the original published under ISBN 978-620-7-84328-2.

Publisher:
Sciencia Scripts
is a trademark of
Dodo Books Indian Ocean Ltd. and OmniScriptum S.R.L publishing group

120 High Road, East Finchley, London, N2 9ED, United Kingdom
Str. Armeneasca 28/1, office 1, Chisinau MD-2012, Republic of Moldova, Europe
Printed at: see last page
ISBN: 978-620-7-98043-7

ÍNDICE DE CONTEÚDOS

LISTA DE ABREVIATURAS

CA	Conservation agriculture
CMC	Carboxy methyl cellulose
CMCase	Carboxy methyl cellulase
FPase	Filter paperase
DNS	3, 5-Dinitrosalicylic acid
TA	Tannic acid
SEM	Scanning electron microscope
IU/ml	International unit/ mililitre
CU/ml	Calorimetric unit/mililitre
NT	No-tillage
ZT	Zero tillage
CT	Conventional tillage
NDF	Neutral detergent fibre
ADF	Acid detergent fibre
OUT	Operational taxonomic unit
G	Gram
Mm	Milimeter

1. INTRODUÇÃO

O sistema de cultivo do arroz-trigo (RW) é um dos maiores sistemas de produção agrícola do mundo, cobrindo uma área de 26 milhões de hectares (M ha) espalhados pelas Planícies Indo-Gangéticas (IGP) no Sul da Ásia e na China. No Sul da Ásia, mais de 85% do sistema RW é praticado no IGP. Em meados da década de 1960, as tecnologias da Revolução Verde levaram ao aparecimento do sistema de produção de arroz e trigo como o principal sistema de produção nas planícies indo-gangéticas (IGP) da Índia, ocupando atualmente cerca de 13,5 milhões de hectares (Saharawat *et al.*, 2010) e representando 23% e 40% da área total de arroz e trigo da Índia, respetivamente, o que contribui para uma parte importante da produção total de cereais da Índia (Timsina e Connor, 2001). Por conseguinte, este sistema de cultivo é crucial para a segurança alimentar do país. Os dois estados do noroeste da Índia, Punjab e Haryana, constituem atualmente uma zona RW altamente produtiva no IGP, que contribui com cerca de 69% da produção alimentar total do país (cerca de 84% de trigo e 54% de arroz), sendo esta região designada por "bacia alimentar da Índia".

Nos últimos anos, o sistema RW registou uma redução significativa do rendimento e da taxa de crescimento. A sustentabilidade deste importante sistema de cultivo também está em risco devido aos problemas de segunda geração, ou seja, o esgotamento das águas subterrâneas a um ritmo mais rápido, a salinização do solo, a má qualidade da água, o baixo estado de fertilidade, as deficiências múltiplas de nutrientes, a utilização desequilibrada de fertilizantes, as alterações climáticas e a diversidade inadequada do sistema. A abordagem atual da produção de RW é agora conhecida por ser ecologicamente intrusiva e económica e ambientalmente insustentável, o que é ainda mais agravado com as rápidas mudanças climáticas na região.

Para superar os problemas formidáveis do sistema de RW no noroeste da Índia, a agricultura de conservação (CA) surgiu como uma alternativa importante ao sistema convencional de RW. O pacote agro-tecnológico baseado na AC, o sistema de culturas intensificadas e a abordagem agrícola holística não só poupam recursos naturais como podem ajudar a produzir mais a baixos custos, melhoram a saúde dos solos, promovem a plantação atempada, asseguram a diversificação das culturas, reduzem a poluição ambiental e os efeitos adversos das alterações climáticas na agricultura. A AC refere-se a um conjunto de práticas agrícolas que envolvem três princípios básicos de solidez científica comprovada. Estes incluem: (i) perturbação mecânica mínima contínua do solo; (ii) cobertura orgânica permanente do solo (resíduos de culturas ou culturas de cobertura); e (iii) sequências de culturas diversificadas, eficientes e economicamente viáveis. Estes princípios são muito específicos das condições agro-climáticas prevalecentes e das condições bio-físicas e sócio-económicas dos agricultores. A AC é um dos principais objectivos da agricultura indiana, a fim de manter a qualidade dos recursos naturais e de responder aos desafios da procura crescente de alimentos no país. Pode também ser referida como "agricultura eficiente em termos de recursos ou agricultura eficaz em termos de recursos". Vários investigadores (Gupta *et al.*, 2002 e

2005) referiram os efeitos positivos da AC na saúde dos solos e na qualidade ambiental, bem como o seu potencial para sequestrar carbono (C) nos solos através do aumento da reciclagem *in situ* dos resíduos de culturas, o que não só reduz a perda de N, P, K e S, como também reduz a emissão de gases com efeito de estufa (GEE) e a destruição da microflora e da fauna benéficas para os solos. Verificou-se que a inclusão de certas culturas na sequência aumenta a eficiência dos fertilizantes, reduz as ervas daninhas e a lixiviação de nitratos. A diversificação das culturas do sistema RW, substituindo o arroz pelo milho e a intensificação através da inclusão do feijão-mungo (milho-trigo-mungo e arroz-trigo-mungo), pode ser uma forma produtiva de criar resiliência nos sistemas agrícolas para a segurança alimentar nacional. Mas as rotações de culturas diversificadas não são populares entre os agricultores do Noroeste da Índia devido à garantia de aquisição de arroz, o que os leva a seguir o sistema de cultivo RW. Atualmente, é necessário fazer investigação sobre o sistema de cultivo RW existente e popular e também encorajar os agricultores a adotar rotações de culturas diversificadas.

O sistema de cultivo RW gera enormes quantidades de resíduos de culturas (CR). A maior parte do arroz e do trigo é colhida por ceifeiras-debulhadoras, deixando resíduos no campo. A maioria dos agricultores opta por queimar os resíduos deixados no campo, principalmente por conveniência, o que afecta negativamente a sustentabilidade global do sistema de RW. A gestão da palha de arroz volumosa é um grande desafio, uma vez que é considerada um mau alimento para os animais devido ao seu elevado teor de sílica. Devido à falta de conhecimentos sobre a importância dos resíduos das culturas, os agricultores não incorporam a palha de arroz nos campos de cultivo devido à sua lenta taxa de degradação, à infestação de doenças, à instabilidade dos nutrientes e à redução do rendimento causada pelo efeito negativo a curto prazo da imobilização do azoto (Pandey *et al.*, 2009). A maior parte desta palha está a ser eliminada através da queima em campo aberto (Samra *et al.*, 2003; Gupta *et al.*, 2004), que contribuiu com 40% do total de resíduos (Jain *et al.*, 2014). A queima da palha de arroz provoca a perda de nutrientes no solo e afecta a saúde humana ao poluir o ar. A queima resulta em enormes perdas de carbono (quase 100%), N (até 80%), P (25%), K (21%) e S (50-60%), privando assim os solos da sua matéria orgânica (Mandal *et al.*, 2004). A palha é a única matéria orgânica disponível em quantidades significativas para a maioria dos produtores de arroz e é considerada um resíduo. A incorporação da palha de volta ao solo pode revelar-se uma melhor opção para a queima, uma vez que acumula matéria orgânica no solo através da devolução ao solo dos nutrientes contidos na palha (Singh e Singh, 2001), mas é muito pouco popular entre os agricultores.

A gestão da palha de arroz, em vez da palha de trigo, é um problema grave, devido ao facto de o período de tempo entre a colheita do arroz e a sementeira do trigo ser muito curto e à falta de tecnologia de reciclagem adequada. Para além da queima, outras opções disponíveis para os agricultores para a gestão dos resíduos de culturas são a incorporação *in situ* da palha de arroz no solo com mobilização e a retenção total/parcial na superfície como cobertura morta utilizando sistemas de mobilização zero. A incorporação e/ou retenção de RC no solo devolve a maior parte dos nutrientes e ajuda a conservar as reservas de nutrientes do solo a longo prazo. Assim, a compostagem microbiana pode ser uma alternativa eficaz para a gestão da palha de arroz, uma vez que promove a agricultura sustentável e a proteção do ambiente, melhorando as propriedades físicas, químicas e biológicas do solo (Perez-Piqueres *et al.*, 2006; Rasool *et al.*, 2008; Mylavarapu e Zinati, 2009), o que, em última análise, resulta num melhor crescimento e rendimento das culturas. Por conseguinte, há uma necessidade urgente de explorar algumas estratégias de gestão de resíduos ecológicas, de baixo custo e de fácil adoção, que possam reabastecer o solo dos seus nutrientes.

Para desenvolver práticas de cultivo que garantam uma utilização e proteção óptimas da biodiversidade do solo, o principal desafio consiste em prever o impacto da lavoura nos organismos e compreender as ligações entre os processos do ecossistema e cada membro da biota do solo. Por conseguinte, as propriedades e as condições de habitat no solo, que impulsionam e dirigem a biodiversidade subterrânea, também diferem. A abundância, a biomassa e a atividade do biota do solo são principalmente afectadas pela quantidade, qualidade e distribuição da matéria orgânica, pela estrutura do solo, pelo movimento do ar e da água e pelas interações na teia alimentar do solo (Wardle, 1995). As actividades antropogénicas podem afetar tanto a funcionalidade como a biodiversidade das comunidades microbianas, resultando potencialmente na redução das funções microbianas e na perda de espécies (Brown *et al.*, 2002; FAO, 2012). A maior parte da atividade microbiana ocorre dentro de alguns centímetros da superfície do solo (Babujia *et al.*, 2010). A falta de perturbação do solo e a cobertura por resíduos vegetais no sistema de plantio direto também favorecem o aumento da biomassa e da atividade microbiana (Babujia *et al.*, 2010; Franchini *et al.*, 2007; Kaschuk *et al.*, 2010; Pereira *et al.*, 2007; Silva *et al.*, 2010 e 2013).

Os organismos do solo contribuem com uma vasta gama de serviços essenciais para a sustentabilidade dos ecossistemas, actuando como os principais agentes motores do ciclo de nutrientes; regulando a dinâmica da matéria orgânica do solo, a fixação do carbono no solo e a emissão de gases com efeito de estufa; modificando a estrutura física do solo e o regime hídrico; aumentando a quantidade e a eficiência da aquisição de nutrientes pela vegetação e melhorando a saúde das plantas. Estes serviços não só são essenciais para o funcionamento dos ecossistemas naturais, como também constituem um recurso importante para a gestão sustentável dos sistemas agrícolas. O papel exato de muitos organismos do solo nestes ciclos e funções é desconhecido, embora a grande diversidade e abundância de vida microbiana, vegetal e animal no solo pareça suscetível de influenciar de várias formas o funcionamento dos ecossistemas.

No microbiota do solo, os fungos são um componente importante, constituindo tipicamente mais biomassa do solo (Ainsworth e Bisby, 1995) do que as bactérias, dependendo da profundidade do solo e das condições nutricionais. Existe um grande número de bactérias no solo, mas devido ao seu pequeno tamanho, têm uma biomassa menor. Os actinomicetos são um décimo em número, mas são maiores em tamanho, pelo que a sua biomassa é semelhante à das bactérias. A população de fungos é menor, mas domina a biomassa do solo quando este não é perturbado. As bactérias, os actinomicetos e os protozoários são resistentes e podem tolerar mais perturbações do solo do que a população de fungos, pelo que dominam em solos lavrados, enquanto as populações de fungos e de nemátodos tendem a dominar em solos não lavrados ou não cultivados. Há mais micróbios numa colher de chá de solo do que pessoas na Terra. Os microrganismos abundam no solo e são fundamentais para a decomposição dos resíduos orgânicos e para a reciclagem dos nutrientes do solo. Apesar de uma elevada proporção de fungos e bactérias serem decompositores no solo, estes degradam os resíduos vegetais de forma diferente e desempenham papéis diferentes na reciclagem de nutrientes. Isto deve-se, em parte, à sua diferente escolha de habitats no solo e aos diferentes tipos de matéria orgânica que consomem. A decomposição da matéria orgânica tem duas funções para os microrganismos: fornecer energia para o crescimento e fornecer carbono para a formação de novas células. Os solos não lavrados a longo prazo têm níveis significativamente mais elevados de micróbios, mais carbono ativo, mais matéria orgânica do solo (SOM) e mais carbono armazenado do que os solos lavrados convencionais. A maioria dos micróbios no solo lavrado existe em condições de fome e, portanto, tende a estar num estado dormente. Os resíduos de plantas mortas e os nutrientes das plantas tornam-se alimento para os micróbios do solo. A MOS inclui matéria orgânica fresca e em decomposição proveniente de plantas, animais e microorganismos.

A transformação dos detritos vegetais, incluindo os polímeros estruturais das plantas, como a celulose, as hemiceluloses, a lenhina e a pectina, por fungos saprófitos, é um dos principais serviços ecológicos no ciclo global do carbono. Isto ajuda a melhorar as propriedades físico-químicas e biológicas do solo, resultando numa melhor fertilidade global do solo. A composição destes biopolímeros depende não só da espécie, mas também das fases de desenvolvimento da planta, das diferentes partes da planta e da sua idade. Estes biopolímeros lignocelulósicos são degradados por muitos microrganismos, em particular fungos filamentosos, com a ajuda de enzimas extracelulares e, por conseguinte, são essenciais para a manutenção do ciclo global do carbono. A celulose é a forma mais abundante de carbono fixo, com 10^{11} toneladas produzidas anualmente pelas plantas nas paredes celulares (Malhi, 2002). A degradação da celulose é catalisada por enzimas chamadas celulases, que hidrolisam as ligações β-1-4 presentes na celulose. As celulases responsáveis pela hidrólise da celulose são compostas por uma mistura complexa de proteínas com diferentes especificidades para hidrolisar as ligações glicosídicas. Os microrganismos que degradam a celulose desempenham um papel importante na biosfera, reciclando a celulose. Estes podem ser utilizados para melhorar a degradação da enorme quantidade de biomassa celulósica depositada após a colheita das culturas durante cada estação, levando à melhoria da saúde do solo e à redução dos problemas ambientais. As hemiceluloses são biodegradadas em açúcares monoméricos e ácido acético. A sua degradação completa requer a ação cooperativa de uma variedade de enzimas hidrolíticas que são coletivamente conhecidas como hemicelulases. A biodegradação da lenhina é um processo oxidativo e as fenol oxidases são as enzimas-chave. A celulose e a hemicelulose são facilmente degradáveis, enquanto a lenhina é resistente à degradação pela maioria dos microrganismos devido às suas unidades de fenil propano na estrutura e às ligações recalcitrantes entre elas (Schmidt, 2006).

Os fungos são geralmente muito mais eficientes na assimilação e armazenamento de nutrientes do que as bactérias. Os fungos são mais especializados e necessitam de uma fonte de alimento constante, pelo que requerem uma maior quantidade de carbono para crescerem e se reproduzirem. Verificou-se que existe um maior número de géneros e espécies de fungos no solo do que em qualquer outro ambiente (Nagmani *et al.*, 2006). A relação entre a biodiversidade dos fungos do solo e a função do ecossistema é uma questão importante, particularmente no que diz respeito às alterações climáticas globais e à alteração humana dos processos do ecossistema. A microflora do solo desempenha uma variedade de funções ecossistémicas que são cruciais para manter a estabilidade do ecossistema. A flora fúngica do solo é atribuída aos solos nativos (Manoharachary, 2005). Alguns fungos estão amplamente distribuídos no solo, enquanto outros estão limitados a determinados habitats. A distribuição dos fungos é influenciada pela abundância e natureza do conteúdo orgânico do solo, bem como por outras condições edafoclimáticas, pela vegetação à superfície e pela textura do solo. A diversidade microfúngica do solo tem implicações importantes na estabilidade e produtividade dos ecossistemas.

A quantificação da diversidade e do papel funcional de cada organismo do solo constitui um desafio científico substancial devido à indisponibilidade de métodos adequados. Para uma melhor compreensão da relação entre diversidade e função, é necessária uma técnica de alta resolução para detetar células microbianas inactivas e activas na matriz do solo. A maior parte das caraterísticas funcionais, por exemplo a degradação de resíduos vegetais e os ciclos fechados de nutrientes, não resultam de um único organismo mas de comunidades microbianas que interagem estreitamente entre si. Historicamente, os fungos têm sido identificados e classificados com base em caraterísticas morfológicas, como as estruturas sexuais. Muitos fungos são anamórficos sem produção sexual, mas possuem um nível surpreendentemente elevado de variação genética (Taylor, 2000). Além disso, um número crescente de espécies morfologicamente indistinguíveis foi descrito por Myers (2000). Por conseguinte, a utilização de caraterísticas morfológicas para a identificação e classificação de fungos pode ser gravemente distorcida. Na última década, a capacidade de identificar espécies a nível molecular alterou a nossa compreensão do conceito de espécie para diferentes grupos de fungos.

A identificação de fungos é complicada, uma vez que o ciclo de vida dos fungos em habitats naturais difere do ciclo em laboratório. Além disso, os fungos são tão diversos do ponto de vista nutricional que não existe um meio capaz de os isolar a todos. Os métodos clássicos de análise de amostras de solo envolvem o estudo da composição de espécies em quadrículas e transectos. Estas abordagens não são viáveis para o inventário de fungos, uma vez que requerem uma observação meticulosa e uma amostragem repetida (Cannon, 1997). Entre o total estimado de 1,5 milhões de espécies de fungos, apenas cerca de 7% foram detectadas até à data (Hawksworth, 2001; Manoharachary, 2005). Os diferentes habitats apresentam variações nos sistemas vegetais e tanto os factores ambientais como os edáficos influenciam grandemente o crescimento e o desenvolvimento dos micróbios. O carbono orgânico, o azoto, o fósforo e o potássio são importantes para os fungos. Na ausência de qualquer um destes factores, o crescimento e a esporulação dos bolores, bem como de outros microrganismos, são dificultados (Saksena, 1955; Saravanakumar e Kaviyarasan, 2010).

As alterações na diversidade fúngica associadas à gestão agrícola têm implicações importantes na fertilidade e estabilidade do solo, no estabelecimento das plantas e no rendimento. Embora se saiba que as comunidades fúngicas são afectadas pelas práticas agrícolas, os efeitos da intensificação agrícola na biodiversidade fúngica permanecem pouco claros. Até agora, a maior parte da investigação centrou-se nas comunidades microbianas afectadas pelas práticas agrícolas, ou seja, a mobilização do solo e a gestão dos resíduos, utilizando indicadores como a contagem de placas e a biomassa microbiana ou analisando os padrões de bandas bacterianas em gel de gradiente desnaturante (Govaerts *et al.*, 2008). É necessário interpretar as alterações das comunidades microbianas para analisar o efeito das actividades antropogénicas (Ramette, 2007). Uma vez interpretadas as alterações nas comunidades microbianas, torna-se possível determinar o tipo de organismos que dominam esses ambientes e estabelecer se práticas específicas podem levar a alterações nos microrganismos benéficos ou não benéficos para os agro-ecossistemas.

A cultura direta ou as abordagens moleculares indirectas podem ser utilizadas para explorar a diversidade microbiana presente no solo. O estudo da biodiversidade fúngica do solo apresenta uma série de dificuldades. Pensa-se que as técnicas convencionais de cultura microbiológica detectam <1% das bactérias presentes no solo devido à seletividade dos meios e condições de crescimento (Borneman *et al.*, 1996) e é provável que a presença de fungos seja igualmente subestimada (Hawksworth, 2001). Vários grupos de fungos, como a micorriza arbuscular (Gams, 1992) e alguns basidiomicetos (Frankland *et al.*, 1990), são difíceis ou impossíveis de cultivar, porque o isolamento em meios de ágar favorece espécies de crescimento rápido e de forte esporulação (Frankland *et al.*, 1990). Assim, as técnicas de cultura não fornecem uma imagem exacta da diversidade *in situ* dos membros activos das comunidades fúngicas. Uma das questões mais intrigantes na ecologia do solo diz respeito à existência e formação das chamadas células "não cultiváveis". Aquando da inoculação, grandes proporções das células microbianas são transformadas em células pequenas e não cultiváveis. No entanto, permanece a questão de saber se o grande número de células não cultiváveis que ocorrem naturalmente são espécies desconhecidas ou se são representantes de espécies conhecidas. Basicamente, isto significa que é necessário mais trabalho na identificação e taxonomia das espécies não cultiváveis. Para contornar algumas das limitações das abordagens de cultura, foram desenvolvidos métodos moleculares indirectos baseados no isolamento e análise de ácidos nucleicos (principalmente ADN) de amostras de solo sem cultura de microrganismos. Teoricamente, o ADN microbiano isolado de uma amostra de solo representa o ADN coletivo de todos os microrganismos indígenas do solo, sendo designado por metagenoma do solo.

Na última década, uma variedade de ferramentas moleculares promoveu avanços no nosso conhecimento da diversidade e composição das comunidades microbianas do solo. São agora possíveis avanços significativos com análises de sequenciação do ADN, com destaque para a metagenómica (Delmont *et al.*, 2012; Roesch *et al.*, 2007). No entanto, ainda são raros os estudos de metagenomas que utilizam a sequenciação shotgun ambiental (ESS) em vez da análise de sequenciação de bibliotecas clonadas ou de genes específicos, como o 16S/18S rRNA. As abordagens baseadas na genómica, que exigem a clonagem e a cultura prévias de micróbios individuais, não podem ser utilizadas para estudar comunidades microbianas inteiras que residem num determinado ambiente. O advento da abordagem "metagenómica" permitiu aos investigadores contornar esta limitação, facilitando a extração direta, a sequenciação e a análise de genes marcadores filogenéticos específicos ou de todo o conteúdo genómico das comunidades microbianas. A nossa compreensão das comunidades microbianas em áreas de cultivo intensivo é ainda pobre e a metagenómica oferece a promessa de revelar a diversidade em diferentes sistemas de solo e de gestão.

O objetivo desta investigação foi compreender o efeito de diferentes práticas no âmbito da agricultura de conservação (AC) na diversidade fúngica do solo e na avaliação dos fungos lignocelulolíticos quanto ao seu potencial de degradação de resíduos. Tendo em vista o estudo intitulado "*Diversidade em solos sob agricultura de conservação e seu papel na degradação de materiais lignocelulósicos*", foi realizado com os seguintes objectivos

1. Estudo da microflora fúngica de diferentes cenários de Agricultura de Conservação em solos alcalinos recuperados.
2. Identificação de isolados através de caraterísticas morfológicas e culturais.
3. Seleção de isolados para fungos celulolíticos.
4. Ensaio quantitativo da atividade lignocelulolítica dos isolados selecionados. Os melhores isolados serão selecionados para estudos posteriores.
5. Caracterização molecular de isolados selecionados.
6. Estudo de fungos selecionados para a decomposição de resíduos lignocelulósicos em laboratório.

2. REVISÃO DA LITERATURA

2.1 Agricultura de conservação (AC)

Nas planícies indo-gangéticas indianas, o sistema arroz-trigo (RWS) é o sistema de cultivo mais dominante, ocupando cerca de 10,3 milhões de hectares, representando quase 23 e 40% da área total de arroz e trigo da Índia, respetivamente. Este sistema de cultivo contribui com uma parte importante para a produção total de cereais da Índia. Está também a desempenhar um papel crucial na criação de emprego e de rendimentos para as massas rurais, para além de garantir a segurança alimentar do país. A sustentabilidade do RWS convencional, especialmente no noroeste do IGP, está recentemente em risco, devido à estagnação ou ao declínio do crescimento da produtividade das culturas e ao declínio da produtividade total dos factores, ou seja, uma medida da produção de grãos dividida pela quantidade de todos os factores de produção considerados em conjunto (Ladha *et al.*, 2009). As práticas convencionais dos agricultores, incluindo a lavoura intensiva e as práticas de estabelecimento de culturas, não são apenas intensivas em recursos (mão de obra, água e energia), mas também ecologicamente insustentáveis. As práticas agrícolas convencionais estão a deteriorar a produtividade do solo e a qualidade ambiental a um ritmo alarmante (Seneviratne e Kulasooriya, 2013). Os desafios atribuídos à prática contínua de lavoura intensiva são: (1) escassez crescente de mão de obra, (2) declínio do lençol freático, (3) degradação da base de recursos naturais (por exemplo, solo e água), (4) utilização ineficiente e/ou ineficaz de factores de produção (por exemplo, fertilizantes, mão de obra, água e pesticidas), (5) custos crescentes dos factores de produção (por exemplo, salários da mão de obra, combustível, fertilizantes e pesticidas), (6) aumento dos custos dos factores de produção (por exemplo, salários da mão de obra, combustível, fertilizantes e pesticidas).(5) custos crescentes dos factores de produção (por exemplo, salários, combustível, fertilizantes e pesticidas) que conduzem a um aumento dos custos de produção, (6) alterações adversas do clima e das condições socioeconómicas e (7) rápido crescimento da população, que conduz a uma diminuição da parte da terra, da água e da energia destinada à agricultura (Ladha *et al*, 2003 e 2009). As abordagens de gestão sustentável das terras, como a agricultura biológica, a rotação de culturas e as culturas mistas, têm sido consideradas como os principais meios de combate à perda de fertilidade do solo e de biodiversidade (Phalan *et al.*, 2011). É necessária uma abordagem holística do sistema com novas rotações de culturas (sistema milho-trigo) e práticas de gestão melhoradas, que sejam altamente produtivas, eficientes em termos de recursos, sustentáveis e adaptadas às mudanças esperadas nos factores socioeconómicos e ambientais para satisfazer a procura regional de alimentos da população em crescimento. Para enfrentar estes desafios, foram desenvolvidas as melhores práticas de gestão baseadas nos princípios da agricultura de conservação (CA) e novas rotações de culturas, que são mais produtivas, rentáveis e consideradas amigas do ambiente (Gathala *et al.*, 2013; Laik *et al.*, 2014; Devkota *et al.*, 2015a).

Durante os últimos anos, várias tecnologias de componentes baseadas na AC foram desenvolvidas e avaliadas nos campos dos agricultores. Estas incluem a lavoura conservadora de recursos (por exemplo, lavoura zero, ZT) e métodos eficientes de estabelecimento da cultura (CE) (por exemplo, sementeira com broca) em camas planas ou elevadas, tanto no arroz como no trigo, em campos nivelados a laser, para (1) abordar a questão da saúde do solo, (2) conservar água e mão de obra, (3) reduzir a preparação da terra, o custo do estabelecimento da cultura (CE) e o tempo de rotação entre o arroz e o trigo (Gathala *et al.*, 2011). A ZT no trigo foi amplamente adoptada no sistema R-W no noroeste do IGP (Gupta e Seth, 2007; Harrington e Hobbs, 2009) e teve um impacto positivo significativo na produtividade do trigo, na rentabilidade e na eficiência da utilização dos recursos em todo o IGP (Bhattacharyya *et al.*, 2015; Ladha *et al.*, 2009).

Em contraste com as práticas agrícolas convencionais de gestão do solo com recurso a charruas e discos, o sistema conhecido como plantio direto é caracterizado pela sementeira da cultura seguinte diretamente nos resíduos das culturas anteriores. Tem sido amplamente demonstrado que o plantio direto pode contribuir significativamente para a conservação do solo, principalmente pela presença de resíduos de culturas na superfície, melhorando as condições adversas de temperatura e umidade, aumentando o teor de matéria orgânica do solo e melhorando as propriedades físicas do solo (Calegari *et al.*, 2008; FAO, 2012; Lal, 2015). Com base no princípio da perturbação mínima do solo, os sistemas de plantio direto têm sido amplamente adotados na agricultura mecanizada em grande escala para evitar a erosão do solo e diminuir os custos de produção (Derpsch *et al.*, 2010). A longo prazo, o efeito dos métodos de lavoura e dos diferentes níveis de resíduos, tanto para o arroz como para o trigo, foi evidente em termos de rendimento de grãos e de acumulação de carbono orgânico do solo (SOC) (Devkota *et al.*, 2015b). Evitar a monocultura é outra prática fundamental para diminuir a degradação do solo, e as rotações/associações devem envolver pelo menos três culturas diferentes (FAO, 2012). Infelizmente, as monoculturas ou sucessões envolvendo apenas duas culturas prevalecem em todo o mundo e podem esgotar o conteúdo de matéria orgânica, resultar em predisposição a doenças e aumentar a infestação de ervas daninhas. Em contrapartida, as rotações de culturas, especialmente com adubos verdes, quebram os ciclos dos agentes patogénicos e melhoram as propriedades físicas e químicas do solo, incluindo a matéria orgânica do solo (Boddey *et al.*, 2010; Calegari *et al.*, 2008; Franchini *et al.*, 2007).

Em sistemas baseados em ZT/CA, é importante reter uma quantidade adequada de resíduos de culturas na superfície do solo para manter a saúde do solo e os rendimentos (Verhulst *et al.*, 2011). No entanto, a maioria dos agricultores em RWS no noroeste do IGP normalmente queima os resíduos da cultura de arroz anterior para a sua rápida eliminação antes da sementeira de trigo devido à falta de máquinas que podem perfurar as sementes de trigo sob cargas completas de resíduos de arroz. A queima de resíduos de arroz é uma das principais fontes de poluição atmosférica na região, resultando também na perda de matéria orgânica e nutrientes (Gupta *et al.*, 2004). Foi relatado que quase todo o carbono, 90% de N, 60% de S e 20-25% de P e

K na palha de arroz são perdidos através da queima (Doberman e Fairhurst, 2002). A palha no sistema representa cerca de 35% a 40% de N, 10% a 15% de P e 80% a 90% da remoção de K por estas culturas (Sharma e Sharma, 2004). Há uma necessidade absoluta de repor o solo, devolvendo-lhe a parte perdida de matéria orgânica, reconhecida como uma séria ameaça à sustentabilidade. As quantidades de nutrientes removidas pelo arroz e pelo trigo são maiores do que a quantidade adicionada através de fertilizantes e reciclados. A remoção de toda a palha dos campos de cultivo leva à mineração de K a uma taxa alarmante, porque 80% a 85% do K absorvido pelas culturas de arroz e trigo permanece na palha (Bijay-Singh *et al.*, 2004). Por conseguinte, uma tecnologia que permita a retenção de resíduos de arroz na superfície do solo não só reduziria a poluição atmosférica como também ajudaria a melhorar a qualidade do solo. A retenção de resíduos de culturas na superfície como cobertura morta proporciona múltiplos benefícios, incluindo a conservação da humidade do solo, a supressão de ervas daninhas, a melhoria do C do solo e a melhoria da estrutura do solo (Singh *et al.*, 2005; Kumar *et al.*, 2012; Raffa *et al.*, 2015). Por conseguinte, combinados com a cobertura do solo (cobertura morta) e a rotação diversificada de culturas, os sistemas de plantio direto também estão a ser defendidos em relação à lavoura para melhorar a saúde do solo e a produtividade das culturas a longo prazo (Govaerts *et al.*, 2007).

2.2 Diversidade microbiana em diferentes sistemas de gestão

O solo é um sistema biológico fascinante com os microrganismos que o habitam, responsáveis por grande parte da sua ampla capacidade metabólica (Nannipieri *et al.*, 2003). Por conseguinte, as propriedades microbiológicas são consideradas mais sensíveis a alterações nas condições de gestão e ambientais do que as propriedades químicas e físicas. As alterações na composição da microflora do solo podem ser cruciais para a integridade funcional do solo (Insam, 2001). A comunidade microbiana do solo é relativamente diversificada (Robe *et al.*, 2003), sendo a diversidade procariótica a mais elevada (Roesch *et al.*, 2007). Foi referido que um grama de solo contém até 10 mil milhões de microrganismos e milhares de espécies diferentes (Knietch *et al.*, 2003).

As comunidades microbianas do solo são responsáveis por uma vasta gama de funções do solo e de serviços ecológicos, como a manutenção da estrutura do solo, a renovação da matéria orgânica e o ciclo de nutrientes (Dick, 1992; Kladivko, 2001). As práticas agrícolas afectam as caraterísticas físicas e químicas do solo, afectando assim a abundância, a diversidade e a atividade microbianas (Nicolardot *et al.*, 2007; Pascault *et al.*, 2010; Lammerding *et al.*, 2015). Os insumos agrícolas (por exemplo, aditivos orgânicos, fertilizantes minerais e pesticidas), a rotação de culturas e a diversidade de plantas afectam os microrganismos do solo de diferentes formas (Bunemann *et al.*, 2006; Nicolardot *et al.*, 2007). Até à data, os efeitos das práticas agrícolas e, mais amplamente, da intensidade das culturas foram maioritariamente avaliados na contagem e estrutura microbianas do solo, utilizando ferramentas clássicas baseadas na cultivabilidade dos microrganismos, bem como nas suas propriedades fisiológicas e bioquímicas (Kladivko, 2001; Kandeler, 2007). O recente desenvolvimento de ferramentas moleculares independentes da cultura, baseadas em métodos de extração e sequenciação do ADN do solo, permite obter milhares de sequências a partir de uma única amostra de solo e possibilitou uma melhor compreensão da enorme diversidade das comunidades microbianas do solo (Roesch *et al.*, 2007) e do impacto ecológico da gestão do uso do solo (Maron *et al.*, 2011).

Lauber *et al.* (2008) referiram que a composição da comunidade fúngica estava mais estreitamente associada a alterações no estado dos nutrientes do solo, ou seja, a concentração de azoto total e de fosfato extraível e a relação entre a concentração de carbono total e de azoto. Suzuki *et al.* (2009) descreveram que os fungos podem ser mais adequados como indicadores microbianos da qualidade do solo porque a dinâmica da comunidade fúngica se reflecte mais no estado dos nutrientes do solo do que a da comunidade bacteriana. Pode argumentar-se que a maior diversidade de micróbios nos ecossistemas pode estabelecer um equilíbrio funcional, o que pode facilitar a manutenção da sustentabilidade (Seneviratne, 2012). No entanto, foram efectuados poucos estudos para avaliar as relações benéficas entre a diversidade microbiana, o solo e a sustentabilidade do ecossistema. Por conseguinte, é importante explorar o papel da diversidade microbiana não identificada (>99%) em relação à gestão de diferentes sistemas de cultivo. As práticas de gestão como a irrigação, a lavoura, o sistema de cultivo, a aplicação de fertilizantes e a incorporação de resíduos têm um impacto importante na diversidade da população biológica no solo. Diferentes estratégias de gestão introduzem diferentes tipos de perturbações, que podem influenciar as comunidades microbianas de várias formas.

2.2.1 Rotação das culturas

A rotação de culturas pode causar uma perturbação temporal na presença de raízes de plantas de uma determinada espécie. As alterações nas populações de microfungos do solo podem ser atribuídas aos tipos de plantas que crescem numa determinada área (Chen *et al.*, 2007) e a vegetação complexa fornece vários tipos de substratos, permitindo assim a coexistência de diferentes espécies de fungos (Ogawa *et al.*, 1996).

Diferentes culturas têm diferentes estruturas radiculares, colocando matéria orgânica em diferentes estratos do solo, fertilizando assim o solo. Devido à interação entre as raízes das plantas e os microrganismos na rizosfera através da libertação de exsudados radiculares, a qualidade do solo, a saúde e o rendimento das culturas são afectados pelo início de um melhor ciclo de nutrientes, pela resistência às doenças e pela estimulação do crescimento das plantas (Sturz e Christie, 2003). A rotação de culturas com leguminosas aumenta a quantidade de azoto no solo, aumentando assim a produção agrícola (Martin-Rueda *et al.*, 2007; Sainju *et al.*, 2007). Verificou-se que os sistemas que aumentam as entradas de C e N através da inclusão de culturas de leguminosas na rotação de culturas afectam a estrutura da comunidade microbiana (Alvey *et al.*, 2003; Oehl *et al.*, 2004; Wang *et al.*, 2010). A rotação de culturas e a diversidade de plantas são também importantes para manter a diversidade e a atividade microbiana do solo (Nicolardot *et al.*, 2007; Pascault *et al.*, 2010).

2.2.2 Lavoura

A lavoura envolve normalmente a remoção completa da vegetação seguida de plantações frequentemente concebidas para mudar completamente a cobertura vegetal do ano anterior e este processo aumenta a erosão e a degradação do solo, o que desencadeia muitas alterações na composição da comunidade do solo (Fierer *et al.*, 2012; Hobbs *et al.*, 2007). A perturbação física devida à lavoura influencia o teor de água do solo, a temperatura, o arejamento e o grau de mistura dos resíduos de culturas na matriz do solo (Buckley e Schmidt, 2001; Kladivko, 2001; Six *et al.*, 2002). A lavoura também reduz o conteúdo de macroagregados do solo (Tivet *et al.*, 2013), que fornece um microhabitat importante para a densidade, diversidade e atividade microbianas (Ranjard e Richaume, 2001; Six *et al.*, 2002). Feng *et al.* (2003) descobriram que um sistema de gestão de plantio direto levou a um carbono orgânico do solo (SOC) e biomassa microbiana significativamente mais elevados na superfície do solo em comparação com o tratamento de lavoura convencional. Wang *et al.* (2011) verificaram um aumento significativo do N do solo, do C orgânico e da fração SOM com o sistema de plantio direto, enquanto o plantio convencional teve um impacto negativo na biomassa microbiana do solo e também reduziu o SOC. A matéria orgânica do solo num sistema de plantio direto é decomposta principalmente por fungos. A lavoura convencional altera drasticamente a decomposição da matéria orgânica do solo, quebrando os resíduos da colheita em pedaços menores e redistribuindo-os pela camada de arado, estabelecendo bactérias como decompositores primários da matéria orgânica do solo (Habig *et al.*, 2015). A lavoura provoca uma rutura física dos micélios fúngicos, levando a uma redução da sua abundância relativa no solo (Balesdent *et al.*, 2000). Espera-se que a diversidade microbiana aumente com a redução da lavoura, uma vez que as espécies de fungos começam a dominar o sistema (Frey *et al.*, 2003; Wang *et al.*, 2010). Helgason *et al.* (2010), nos seus estudos a longo prazo (25-30 anos), verificaram que a biomassa fúngica e o comprimento das hifas aumentaram no plantio direto em comparação com o plantio convencional. Guo *et al.* (2015) observaram que o plantio direto (NT) aumentou significativamente a biomassa microbiana C (MBC) em 20,0 % em comparação com o plantio convencional (CT) e o retorno de resíduos aumentou significativamente a MBC, o total de PLFAs, a biomassa bacteriana, a biomassa fúngica, F/B e MUFA/STFA em 18,3, 31,1, 36,0, 95,9, 42,5 e 58,8 %, respetivamente. Da mesma forma, Willekens *et al.* (2014) encontraram 44% mais biomassa microbiana total sob lavoura reduzida em comparação com lavoura convencional em sistema de cultivo intensivo de vegetais. Eles descobriram que a biomassa fúngica duplicou na camada superficial (0-10 cm) com a lavoura reduzida. Actinomicetos e fungos micorrízicos arbusculares também foram favorecidos. White e Rice (2009) observaram que a estrutura da comunidade microbiana foi significativamente afetada pela adição de resíduos vegetais e o efeito foi diferente para NT (Sem Lavoura) e CT (Lavoura Convencional). O efeito de NT para a adição de resíduos vegetais foi muito maior a 0-5 cm de profundidade do solo em comparação com CT. Da mesma forma, Mathew *et al.* (2012) relataram que o tratamento de plantio direto de longo prazo resultou em maiores teores de carbono e nitrogênio no solo, biomassa microbiana viável e atividades de fosfatase na profundidade de 0-5 cm do solo do que o tratamento de plantio convencional. As densidades microbianas foram encontradas mais elevadas sob NT do que sob CT, confirmando a elevada sensibilidade destas comunidades à gestão do uso do solo e às alterações ambientais do solo (Ceja-Navarro *et al.*, 2010; Lienhard *et al.*, 2013).

2.2.3 Retenção de resíduos

Vários estudos mostraram que a retenção de resíduos em combinação com uma perturbação mínima do solo criou condições favoráveis para promover a estabilidade ecológica, contrariamente à ausência de retenção de resíduos (Govaerts *et al.*, 2006). Os benefícios da retenção de resíduos são regionalmente variáveis e dependem de factores agroclimáticos e socioeconómicos. A maioria dos estudos realizados em países em desenvolvimento da Ásia, América Latina e África mostra efeitos positivos da retenção de resíduos de culturas na qualidade do solo, na matéria orgânica do solo e no armazenamento de carbono, na retenção de humidade do solo, no aumento do ciclo de nutrientes e na diminuição da perda de solo, entre outros benefícios ambientais e para a saúde do solo (Turmel *et al.*, 2015; Zhu *et al.*, 2015). A incorporação de resíduos de culturas no solo aumenta a temperatura e o arejamento do solo, criando assim condições favoráveis para os microrganismos que conduzem a taxas de decomposição mais elevadas (Wardle *et al.*, 2006; Coppens *et al.*, 2007; Fontaine *et al.*, 2007). Govaerts *et al.* (2007) verificaram que a retenção de resíduos de culturas aumenta a biomassa microbiana e a atividade da microflora, e que o fornecimento contínuo e uniforme de C dos resíduos de culturas serve de fonte de energia para os microrganismos.

Ceja-Navarro *et al.* (2010) observaram que as comunidades bacterianas sob lavoura zero e retenção de resíduos de culturas têm o nível mais elevado de diversidade e riqueza nas análises filogenéticas e multivariadas para determinar os efeitos da lavoura zero e da lavoura convencional nas comunidades bacterianas do solo numa experiência de rotação de milho-trigo a longo prazo. O sistema de cultivo que inclui lavoura zero com retenção de resíduos e rotação de culturas resultou em efeitos positivos no solo com boas qualidades físicas e químicas, e altos rendimentos estáveis, em comparação com a lavoura convencional e lavoura zero sem resíduos (Govaerts *et al.*, 2006 e 2007).

2.3 Estudo da diversidade microbiana por diferentes métodos

A biodiversidade é um conceito ecológico principal de qualidade do habitat que representa tanto a variação intra-específica (diversidade genética) como a variação da comunidade (riqueza, abundância e uniformidade das espécies) a diferentes escalas espaciais (Jost, 2007). A diversidade microbiana é geralmente considerada como o número de indivíduos afectados a diferentes taxa e a sua distribuição entre os taxa. Os microrganismos do solo representam uma fração considerável da biomassa viva na Terra (Whitman *et al.*, 1998), contendo os solos superficiais 103 a 104 kg de biomassa microbiana por hectare (Brady e Weil, 2002). Apesar desta abundância e da importância dos microrganismos do solo para as principais funções do ecossistema (Leininger *et al.*, 2006; Wardle *et al.*, 2004), a diversidade e a estrutura das comunidades microbianas do solo continuam a ser pouco estudadas. Durante muito tempo, a avaliação da diversidade microbiana limitou-se ao estudo de microrganismos que podiam ser cultivados em laboratório. Contudo, nos últimos anos, a utilização de métodos moleculares conduziu a um desenvolvimento acentuado do conhecimento sobre a diversidade microbiana em comunidades complexas. O desenvolvimento de métodos eficazes para estudar a diversidade, a distribuição e o comportamento dos microrganismos nos habitats do solo é essencial para uma compreensão mais alargada da saúde do solo.

Com o avanço das técnicas, foi introduzido um novo termo "Metagenómica". A metagenómica é definida como o estudo do material genético recuperado diretamente de amostras ambientais. Este vasto domínio pode também ser designado por ecogenómica, genómica ambiental ou genómica comunitária. O campo começou inicialmente com a clonagem de ADN ambiental, seguida do rastreio da expressão funcional (Handelsman *et al.*, 1998) e foi rapidamente complementado pela sequenciação aleatória direta do ADN ambiental (Tyson *et al.*, 2004; Venter *et al.*, 2004). A metagenómica fornece informações genéticas sobre biocatalisadores ou enzimas potencialmente novos, ligações genómicas entre função e filogenia para organismos não cultivados e perfis evolutivos da função e estrutura da comunidade. Com o advento das técnicas moleculares, podemos estudar a diversidade microbiana, incluindo a grande maioria dos microrganismos que não podem ser identificados através de abordagens taxonómicas tradicionais. Todos os métodos relacionados com o estudo da diversidade microbiana podem ser agrupados em métodos bioquímicos e moleculares, como se descreve a seguir.

2.3.1 Diversidade microbiana por métodos bioquímicos

A diversidade microbiana pode ser estudada por métodos bioquímicos, que são classificados com base no cultivo de micróbios como métodos baseados em culturas e métodos independentes de culturas.

2.3.1.1 Método baseado na cultura

Neste método, os micróbios têm de ser cultivados através de diferentes métodos disponíveis. Os métodos baseados na cultura podem ser divididos em dois tipos: plaqueamento por diluição e perfis fisiológicos a nível comunitário (CLPP).

Plaqueamento por diluição - Tradicionalmente, a análise das comunidades microbianas do solo tem-se baseado em técnicas de cultura que utilizam uma variedade de meios de cultura concebidos para maximizar a recuperação de diversas populações microbianas, mas estima-se que menos de 0,1% dos microrganismos encontrados em solos agrícolas típicos são cultiváveis utilizando formulações de meios de cultura (Torsvik *et al.*, 1990; Atlas e Bartha, 1998).

Perfis fisiológicos ao nível da comunidade (CLPP) - Este método baseia-se na utilização de diferentes fontes de carbono, como o sistema BIOLOG® (Garland e Mills, 1991), no qual é utilizada uma placa com 95 fontes de carbono diferentes e os resultados são obtidos através da mudança de cor do poço do substrato. Outro é o EcoPlate, no qual uma microplaca de 96 poços com 31 substratos mais controlo, cada um com três réplicas, é utilizada para a caraterização da comunidade em amostras ambientais.

2.3.1.2 Método **independente da cultura**

Devido à falta de eficácia dos métodos de cultura utilizados para estudar os micróbios, a composição e a complexidade do microbiota do solo permaneceram inexploradas ou subestimadas. Existem muitos métodos bioquímicos, como os ácidos gordos fosfolípidos (PLFA)/ésteres metílicos de ácidos gordos (FAME), para estudar a diversidade microbiana sem depender do cultivo de micróbios.

Estes métodos fornecem informações sobre a composição da comunidade microbiana com base na concentração dos chamados ácidos gordos caraterísticos (Ibekwe e Kennedy, 1999). A presença e a abundância de ácidos gordos caraterísticos no solo revelam a presença e a abundância de determinados organismos ou grupos de organismos. Baath (2003) utilizou o método de determinação de ácidos gordos para estudar as condições fisiológicas dos fungos do solo. Ramsey *et al.* (2006) consideraram que o PLFA é o melhor método para estudar a comunidade microbiana do solo, em comparação com os métodos baseados em CLPP e PCR.

Quadro 2.1 Vantagens e desvantagens dos métodos bioquímicos

Método	Vantagens	Desvantagens	Referências
Contagem de placas	Rápido Barato	Apenas os microrganismos cultiváveis podem ser detectados Preconceito em relação a indivíduos de crescimento rápido Preconceito em relação a espécies fúngicas que produzem grandes quantidades de esporos É necessária experiência taxonómica	Devi *et al.*, 2012; Banakar *et al.*, 2012; Ali *et al.*, 2013
Perfil fisiológico a nível comunitário (CLPP) BIOLOG/EcoPlate	Rápido Altamente reprodutível Capaz de diferenciar comunidades microbianas Gera uma grande quantidade de dados Opção de utilização de placas bacterianas, fúngicas ou fontes de carbono específicas do local (Biolog)	Representa apenas uma fração cultivável da comunidade Favorece os organismos de crescimento rápido Representa apenas os organismos capazes de utilizar as fontes de carbono disponíveis Diversidade metabólica potencial, não diversidade *in situ* Afetado pela densidade do inóculo	Classen *et al.*, 2003; Feng *et al.*, 2009
Análise de ácidos gordos fosfolípidos (PLFA) / Análise de ésteres metílicos de	Não é necessária a cultura de microrganismos Extração direta do solo	Se forem utilizados esporos de fungos, é necessário mais material Pode ser influenciado por factores externos	Baath, 2003; Grantina *et al.*, 2011

| ácidos gordos (FAME) | Seguir organismos ou comunidades específicas | Os resultados podem ser confundidos por outros microorganismos possíveis | |

Existem certas vantagens e desvantagens de cada método (Quadro 2.1), mas a escolha de um método depende do interesse e do objetivo do investigador. Grantina *et al.* (2011) estudaram a abundância e a diversidade de fungos do solo em 11 perfis de solo para conhecer a influência de diferentes sistemas de utilização do solo na comunidade microbiana do solo. Compararam os métodos de análise convencionais (plaqueamento e UFC) e moleculares, ou seja, a análise de restrição genética do ADN ribossómico amplificado (ARDRA), e concluíram que, embora a diversidade diminua com a profundidade do solo, os métodos moleculares proporcionaram uma diversidade mais elevada e uniformemente distribuída de espécies de fungos em diferentes tipos de solo e horizontes.

2.3.2 Diversidade microbiana por métodos moleculares

Há décadas que se sabe que o número de microrganismos que não podem ser cultivados em condições laboratoriais excede de longe o número dos que podem ser cultivados (DeLong, 2009). Este grave problema só foi resolvido em meados da década de 1980, quando Norman Pace propôs que se pudesse extrair ADN a granel de uma amostra de solo e amplificar um gene de interesse com suficiente diversidade interespecífica e pouca diversidade intraespecífica (como o gene 16S rRNA) com iniciadores de PCR e depois cloná-lo em plasmídeos artificiais (Pace *et al.*, 1985). Os métodos moleculares de análise da comunidade microbiana do solo permitiram uma nova compreensão da diversidade filogenética das comunidades microbianas do solo. Os métodos moleculares mais populares são a eletroforese em gel com gradiente de desnaturação (DGGE) e a eletroforese em gel com gradiente de temperatura (TGGE) (Tringe, 2005). Análise de restrição do ADN ribossómico amplificado (ARDRA), polimorfismo do comprimento dos fragmentos de restrição (RFLP), polimorfismo do comprimento dos fragmentos de restrição terminal (T-RFLP) (Osborn *et al.*, 2000) e análise dos espaçadores intergénicos ribossómicos (RISA)/análise automatizada dos espaçadores intergénicos ribossómicos (ARISA).

A DGGE/TGGE proporciona um meio rápido de investigar as comunidades fúngicas do solo, particularmente no estudo de mudanças ou alterações na composição da comunidade (Anderson *et al.*, 2003; Wang *et al.*, 2014; Yu *et al.*, 2015). A vantagem da técnica é a sua capacidade de analisar e comparar numerosas amostras num único gel e permitir uma comparação rápida e simultânea entre amostras. Wu *et al.* (2015) estudaram quatro tipos de solo (turfa, pântano, prado e areia) de degradação de zonas húmidas para avaliar as comunidades fúngicas por DGGE. Observaram que a abundância da comunidade fúngica diminuiu paralelamente ao nível de degradação da zona húmida (do menos para o mais perturbado), mas a composição das comunidades fúngicas entre os quatro tipos de solo foi consistente com o nível de degradação.

A análise de restrição do ADN ribossómico amplificado (ARDRA) provou ser um método adequado e rápido para estudos taxonómicos de fungos (Guarro *et al.*,

1999). Hunt *et al.* (2004) investigaram a estrutura e a diversidade da comunidade fúngica em dois tipos de solos de pastagens agrícolas através da análise de restrição do ADN ribossómico 18S amplificado (ARDRA) e os resultados mostraram uma imagem mais completa da comunidade do que a cultura em placas.

A T-RFLP tem sido utilizada para avaliar a diversidade das comunidades fúngicas do solo (Klamer *et al.*, 2002; Lord *et al.*, 2002), juntamente com a identificação de espécies fúngicas ECM específicas em amostras de solo (Dickie *et al.*, 2002); no entanto, a identificação de espécies fúngicas específicas requer o desenvolvimento de uma base de dados T-RFLP robusta. Cheng *et al.* (2015) utilizaram T-RFLP para determinar com precisão a diversidade e a composição de fungos do solo específicos do tipo de floresta em cinco tipos de florestas secundárias naturais (NSFTs) e verificaram que as NSFTs tinham impactos significativos nas comunidades de fungos do solo. Ehrlich *et al.* (2015) estudaram a relação entre a orientação da encosta e a comunidade microbiana. Verificaram que a composição da comunidade bacteriana foi principalmente afetada pelos diferentes pontos de tempo de amostragem, enquanto a composição da comunidade fúngica foi afetada tanto pela orientação do declive como pelo ponto de tempo de amostragem.

2.3.3 Diversidade microbiana por métodos de sequenciação de nova geração (NGS)

A sequenciação de nova geração (NGS), também conhecida como sequenciação de elevado rendimento, é o termo global utilizado para descrever uma série de tecnologias de sequenciação modernas diferentes, incluindo: Illumina, Roche 454, Iontorrent, etc. Estas tecnologias permitem aos investigadores sequenciar as comunidades microbianas diretamente a partir de amostras ambientais. Esta abordagem é geralmente designada por "metagenómica" ou "genómica comunitária". A metagenómica é uma ferramenta poderosa, baseada na análise genómica do ADN microbiano obtido diretamente como estudos independentes da cultura do conjunto coletivo de comunidades microbianas mistas. Trata-se de uma tecnologia genómica em grande escala que permite obter um quadro geral dos diferentes microrganismos presentes em nichos ambientais, como a água ou o solo. A metagenómica poderia também desvendar a grande diversidade microbiana não cultivada presente no ambiente para fornecer novas moléculas para aplicações terapêuticas e biotecnológicas (Ronaghi e Elahi, 2002).

2.3.3.1 Métodos de sequenciação de nova geração

Todas as tecnologias NGS disponíveis no mercado diferem da sequenciação automatizada Sanger, uma vez que não requerem a clonagem do ADN modelo em vectores bacterianos. As tecnologias de sequenciação incluem uma série de métodos que são agrupados em termos gerais como preparação de modelos, sequenciação e imagiologia, e análise de dados. A combinação única de protocolos específicos distingue uma tecnologia de outra e determina o tipo de dados produzidos a partir de cada plataforma. Estas diferenças na produção de dados colocam desafios quando se comparam plataformas com base na qualidade e no custo dos dados. Na maioria das abordagens NGS, o ADN modelo é fragmentado, ligado a um substrato e amplificado por PCR para gerar representações clonais dos fragmentos originais que são espacialmente separados para sequenciação subsequente (Metzker, 2010; Shendure e Li, 2008). A sequenciação propriamente dita é realizada através de vários métodos que utilizam diferentes enzimas (polimerases ou ligases) e produtos químicos para gerar sinais luminosos que são registados por métodos de deteção altamente sensíveis. Um tema comum a todas as tecnologias NGS é o elevado grau de paralelização, em que milhões a milhares de milhões de reacções de sequenciação ocorrem ao mesmo tempo em pequenos volumes de reação, permitindo assim um rendimento muito superior ao da sequenciação automatizada Sanger.

Tabela 2.2 Diferentes plataformas NGS e seu funcionamento

Plataformas NGS	Princípio de sequenciação	Ler comprimento
Roche/454	Pirossequenciação	400 pb
Illumina/Solexa- Hiseq	Química de terminadores reversíveis	2x 100 bp
Illumina Miseq	Química de terminadores reversíveis	2x 300 bp
ABI/SOLiD	Sequenciação por ligação	2x 60 bp
ABI/Iontorrent	H^+ Transístor sensível aos iões	320 pb
Polonizador	Sequenciação por ligação	26 pb
Helicópteros	Sequenciação de moléculas únicas	25-55 bp médio

As tecnologias NGS são diferentes do método Sanger em termos de análise paralela maciça, elevado rendimento e custo reduzido. A sequenciação tradicional de ADN por Sanger funciona bem com produtos de PCR amplificados a partir de uma amostra, mas falha quando estão presentes várias espécies na amostra. Embora a NGS torne as sequências genómicas mais práticas, a análise dos dados e as explicações biológicas que se seguem continuam a ser o gargalo para a compreensão dos genomas.

Mecanismo das plataformas
Existem várias etapas quase idênticas no funcionamento das diferentes plataformas. Todos os diferentes tipos de moléculas de partida são convertidos em moléculas de ADN de cadeia dupla que são flanqueadas por adaptadores. Os adaptadores são específicos da plataforma de sequenciação e permitem a ligação das moléculas da biblioteca a superfícies, quer sejam esferas ou uma célula de fluxo, onde são amplificadas antes da sequenciação. Os amplicões clonais são separados espacialmente nas lâminas de vidro, nas pastilhas ou na placa de picotiter. A sequenciação pode ser efectuada por processo de ligação com oligonucleótidos marcados com fluorescência de sequência conhecida (SOLiD) ou por processo de síntese. Durante a sequenciação Illumina, quatro nucleótidos marcados de forma diferente são descarregados sobre a célula de fluxo em ciclos múltiplos, dependendo do comprimento de leitura pretendido. Durante a sequenciação 454 e Ion PGM, os nucleótidos não marcados são descarregados numa ordem sequencial sobre a célula de

fluxo. A incorporação é detectada através de uma reação de luz acoplada (454) ou da deteção da libertação de protões durante a incorporação de nucleótidos (Knief, 2014).

Sequenciação por síntese (SBS): A tecnologia SBS utiliza quatro nucleótidos marcados com fluorescência para sequenciar em paralelo as dezenas de milhões de aglomerados na superfície da lâmina de fluxo. Durante cada ciclo de sequenciação, é adicionado um único dNTP marcado à cadeia de ácido nucleico. A etiqueta nucleotídica serve de "terminador reversível" para a polimerização após a incorporação do dNTP, o corante fluorescente é identificado através de excitação laser e imagem, sendo depois clivado enzimaticamente para permitir a próxima ronda de incorporação. Como estão presentes todos os quatro dNTPs ligados ao terminador reversível (A, T, G, C), a competição natural minimiza o viés de incorporação. As chamadas de base são efectuadas diretamente a partir de medições da intensidade do sinal durante cada ciclo, o que reduz consideravelmente as taxas de erro brutas em comparação com outras tecnologias. O resultado é uma sequenciação base a base de elevada precisão que elimina os erros específicos do contexto da sequência, permitindo uma marcação de bases robusta em todo o genoma, incluindo regiões de sequências repetitivas e dentro de homopolímeros.

2.3.3.2 Diversidade fúngica por NGS

A diversidade fúngica em seis amostras de solo de um local de floresta temperada francesa foi estudada por Bueè *et al.* (2009) através da aplicação de pirosequenciação de amplicon FLX codificado por etiqueta de alto rendimento utilizando pirosequenciação 454 codificada por etiqueta do espaçador transcrito interno ribossómico nuclear-1 (ITS-1). Os investigadores demonstraram que a abundância e a diversidade dos fungos eram muito superiores às hipóteses anteriormente formuladas. De facto, a análise comparativa das seis amostras de solo das plantações revelou uma distribuição distinta dos filos de fungos. O filo Basidiomycota, por exemplo, é o mais representativo, com 65% das espécies nos núcleos de solo recolhidos na parcela de carvalho, ao passo que este filo representa apenas 28% das espécies nos núcleos de solo recolhidos na parcela de abeto. Por outro lado, as amostras de solo da parcela de abetos foram caracterizadas por uma percentagem relativamente elevada (cerca de 17%) de espécies da ordem Mortierellales, fungos parasitas ou sapróbios pertencentes aos Mucoromycotina (Hibbett *et al.*, 2007) com leituras ITS duas a cinco vezes mais elevadas do que as outras cinco amostras de solo florestal (apenas 3% do subfilo Mortierellales nos núcleos de solo da plantação de carvalhos).

Tardy *et al.* (2015) investigaram a resposta da diversidade fúngica e bacteriana à entrada de palha de trigo numa experiência de campo de 12 meses através da sequenciação Roche 454. Após a incorporação da palha, a diversidade diminuiu devido à dominância temporária de um subconjunto de populações copiotróficas. Embora os fungos tenham respondido tão rapidamente quanto as bactérias, a resiliência da diversidade fúngica durou muito mais tempo, indicando que o envolvimento relativo de cada comunidade pode mudar à medida que a decomposição progride. Descobriram também que a história do solo (prados vs. terras de cultivo) não afectava os padrões de resposta, mas determinava a identidade de algumas das populações estimuladas. Mais notoriamente, as bactérias *Burkholderia, Lysobacter* e os fungos *Rhizopus* e *Fusarium* foram estimulados seletivamente.

Nos últimos anos, para além dos solos agrícolas, a diversidade fúngica foi estudada em diferentcs ecossistemas através de métodos NGS, incluindo solos florestais (Urbanove *et al.*, 2015), solos turfosos (Ciccolini *et al.*, 2015), solos negros (Liu *et al.*, 2015) e solos tropicais (Gannes *et al.*, 2015).

2.4 Gestão dos resíduos agrícolas/palhas

Na Índia, mais de 500 milhões de toneladas (MT) de resíduos agrícolas são produzidos todos os anos (MNRE, 2009; www.nicra.iari.res.in/Data/FinalCRM.doc). Com o aumento da produção de arroz e trigo, a produção de resíduos também aumentou substancialmente. Existe uma grande variabilidade na produção de resíduos de culturas (RC), e a sua utilização depende das culturas cultivadas, da intensidade de cultivo e da produtividade. As culturas cerealíferas (arroz, trigo, milho, painço) contribuem com 70% do total de RCs (352 MT), dos quais 34% são de arroz e 22% de trigo. O sistema RW é responsável por quase um quarto do total de CRs produzidos na Índia (Sarkar *et al.*, 1999). Dado que a palha de arroz não tem valor económico e que a mão de obra é escassa, os agricultores hesitam em investir na limpeza do campo com uma picadora. Esta prática também exige outra operação e aumenta os custos. Os agricultores do Noroeste da Índia descobriram que a queima é a forma mais barata e mais fácil de remover grandes quantidades de resíduos de arroz para estabelecer rapidamente a cultura do trigo depois do arroz. A gestão da palha de arroz, e não da palha de trigo, é um problema grave, porque o período de tempo entre a colheita do arroz e a sementeira do trigo é muito curto e devido à falta de tecnologia adequada para a reciclagem. Entre as opções disponíveis aos agricultores para a CRM (incluindo a queima), são importantes o enfardamento/remoção para utilização como alimento e cama para animais, a incorporação *in situ* no solo com mobilização do solo e a retenção total/parcial à superfície como cobertura morta utilizando sistemas de mobilização zero ou reduzida.

2.4.1 Queima

Os excedentes de RC (ou seja, o total de resíduos produzidos menos a quantidade utilizada para vários fins) são normalmente queimados nas explorações agrícolas. Estima-se que a quantidade de RE excedentários disponíveis na Índia se situe entre 84 e 141 MT por ano, contribuindo as culturas cerealíferas com 58%. Das 84 TM de RE excedentários, quase 70 TM (44,5 TM de palha de arroz e 24,5 TM de palha de trigo) são queimadas anualmente. Atualmente, mais de 80% do total da palha de arroz produzida anualmente é queimada pelos agricultores em 3-4 semanas durante outubro-novembro (Yadvinder-Singh *et al.*, 2010). Em particular, a queima descontrolada e incompleta em campo aberto resulta na emissão de poluentes atmosféricos tóxicos e gases com efeito de estufa como 70% CO_2 , 7% CO, 0,66% CH_4 , e 2,09% N_2 O (Gupta *et al.*, 2004) que afectam a química atmosférica (Andreae e Merlet, 2001; Kanabkaewand Oanh, 2011). A queima de resíduos de culturas agrícolas é também a principal fonte de aerossóis de tamanho micrónico que afectam a composição da atmosfera (Awasthi *et al.*, 2011; Saud *et al.*, 2011). Além disso, a queima de RCs leva a uma perda de matéria orgânica e nutrientes preciosos, especialmente N e S. O pico de pacientes asmáticos em hospitais no noroeste da Índia coincide com a queima anual de resíduos de arroz nos campos circundantes (Yadvinder-Singh *et al.*, 2010). Numa experiência de queima de combustível de biomassa utilizando uma torre de queima, Irfan *et al.* (2014) encontraram factores de emissão de poluentes gasosos CO, CO_2 , NO_2 , NO e SO_2 para a palha de arroz mais elevados em comparação com os da casca de arroz, espigas de milho e bagaço. A queima de resíduos, no entanto, causa uma perda considerável de C orgânico, N e outros nutrientes por volatilização (Malhi e Kutcher, 2007), o que pode afetar negativamente os microrganismos do solo (Wuest *et al.*, 2005; Razafimbelo *et al.*, 2006). A queima de resíduos de arroz resulta em impactos extensivos tanto dentro como fora da exploração agrícola, por exemplo, perdas de nutrientes do solo, matéria orgânica do solo, produção e produtividade das culturas, qualidade do ar, biodiversidade e eficiência hídrica e energética e na saúde humana e animal. Apesar da proibição legal imposta pelos magistrados distritais dos estados do Noroeste da Índia, a queima de resíduos de arroz pelos agricultores não diminuiu.

2.4.2 Remoção

A maior parte do arroz e do trigo no Noroeste da Índia é colhida por ceifeiras-debulhadoras, deixando resíduos no campo. Cerca de 75% da palha de trigo é recolhida como forragem para os animais com a ajuda de uma máquina de corte especial, embora isso exija operações e investimentos adicionais. A palha de arroz difere das palhas de outras culturas em termos de maior teor de sílica (12-16 vs. 3-5%) e menor teor de lenhina (6-7 vs. 10-12%). Na palha de arroz, os caules são mais digeríveis do que as folhas, porque o seu teor de sílica é mais baixo; por conseguinte, a cultura do arroz deve ser cortada o mais próximo possível do solo se a palha se destinar a servir de alimento ao gado. Os agricultores pobres em recursos e os pequenos proprietários de terras da África Subsariana e da Ásia retiram os resíduos das culturas para forragem, combustível, material de construção e outras utilizações concorrentes. Cerca de metade da população mundial, especialmente nos países em desenvolvimento, utiliza resíduos de culturas para aquecimento doméstico e para cozinhar (Guoliang *et al.*, 2008).

Existem numerosos impactos adversos diretos e indirectos da remoção de resíduos nos serviços ecossistémicos, incluindo a depleção do conjunto de SOC. Entre os impactos diretos da remoção de resíduos, são importantes a baixa entrada de biomassa C, a redução da reciclagem de nutrientes/elementos, a diminuição da fonte de alimento/energia e do habitat para o biota do solo, juntamente com o consequente declínio da qualidade do solo. Há também numerosos impactos indirectos da remoção de resíduos. Entre eles, destaca-se o aumento dos riscos de erosão e escoamento do solo devido à diminuição da agregação do solo e ao aumento da suscetibilidade à formação de crostas e à compactação. A perda de água e de nutrientes do ecossistema também diminui o crescimento e o rendimento das culturas e reduz a produtividade agronómica (Wilhelm *et al.*, 2004; Blanco-Canqui e Lal, 2007).

2.4.3 Retenção/ Incorporação

Os resíduos de culturas são um bem precioso e nunca devem ser considerados como resíduos (Lal, 2004). A incorporação ou retenção de resíduos de culturas na superfície do solo é conhecida por ter múltiplos benefícios na qualidade do solo (Wilhelm *et al.*, 2007; Blanco-Canqui e Lal, 2009). A incorporação do restolho e da palha remanescentes no solo devolve a maior parte dos nutrientes e ajuda a conservar as reservas de nutrientes do solo a longo prazo. Os efeitos a curto prazo no rendimento do grão são frequentemente pequenos (em comparação com a remoção da palha ou a queima), mas os benefícios a longo prazo são significativos. Quando são utilizados fertilizantes minerais e a palha é incorporada, as reservas de N, P, K e Si do solo são mantidas e podem mesmo aumentar (Dobermann e Fairhurst, 2002).

Devido à escassez de emendas orgânicas alternativas, a retenção de resíduos de culturas nos campos pode ser considerada fundamental para promover atributos físicos, químicos e biológicos da saúde do solo em sistemas agrícolas de países em desenvolvimento (Turmel *et al.*, 2015). As entradas de matéria orgânica podem ter um efeito positivo no crescimento de AMF?? e nas populações de esporos (Caravaca *et al.*, 2002; Emmanuel *et al.*, 2010), enquanto a perturbação do solo pela lavoura é conhecida por afetar negativamente o desenvolvimento de hifas micorrízicas (Kabir *et al.*, 1997; Usuki *et al.*, 2007). Numa rotação de culturas de arroz-trigo, Beri *et al.* (1992) e Sidhu *et al.* (1995) observaram que o solo tratado com resíduos de culturas continha 5-10 vezes mais bactérias aeróbias e 1,5-11 vezes mais fungos do que o solo do qual os resíduos foram queimados ou removidos. Devido ao aumento da população microbiana, a atividade das enzimas do solo responsáveis pela conversão da forma indisponível em forma disponível de nutrientes também aumenta.

Kushwaha *et al.* (2001) relataram maior SOC e N total sob lavoura mínima com resíduos retidos na superfície em comparação com a incorporação. Muitos investigadores (Aulakh *et al.*, 1991; Coppens *et al.*, 2007; Fontaine *et al.*, 2007) referiram que a incorporação de resíduos de culturas no solo cria condições favoráveis para os microrganismos e um maior contacto entre estes e os resíduos, o que conduz a taxas de decomposição mais elevadas e à perda global de SOC. A retenção de resíduos é um fator importante para estimular a SMB??? e a atividade microbiana. Lou *et al.* (2011) encontraram níveis mais elevados de biomassa microbiana do solo quando a palha foi retida devido à melhoria dos teores de C e N, ao aumento da humidade e da porosidade do solo e à diminuição da temperatura do solo causada pela cobertura de resíduos. Resultados semelhantes foram também obtidos por Salinas-Garcia *et al.* (2002) e Govaerts *et al.* (2007).

2.5 Composição do resíduo lignocelulósico

A lignocelulose é o principal componente da biomassa, constituindo cerca de metade da matéria vegetal produzida pela fotossíntese e representando o recurso orgânico renovável mais abundante. É constituída por três tipos de polímeros, a celulose, a hemicelulose e a lenhina, que estão fortemente entrelaçados e quimicamente ligados por forças não covalentes e por ligações cruzadas covalentes (Pérez *et al.*, 2002), como se mostra na Fig. 3. Para além destes polímeros primários, as plantas contêm outros polímeros estruturais, por exemplo, ceras, proteínas, etc. (Malherbe e Cloete, 2002). A celulose e a hemicelulose são macromoléculas de diferentes açúcares, enquanto a lenhina é um polímero aromático sintetizado a partir de precursores fenilpropanóides. A composição e as percentagens destes polímeros variam de uma espécie vegetal para outra. Além disso, a composição dentro de uma única planta varia com a idade, a fase de crescimento e outras condições (Jeffries, 1994). A composição da biomassa lignocelulósica da palha de trigo e de arroz é apresentada no Quadro 2.3.

A lignocelulose é gerada pela degradação da biomassa complexa de ervas florestais, arbustos, gramíneas, plantas e árvores por uma variedade de organismos presentes naturalmente no ecossistema e reciclados na natureza com o tempo (Arantes *et al.*, 2010). Por outro lado, os resíduos gerados como resíduos agrícolas ou como subproduto de culturas, frutas e indústrias de processamento de vegetais são difíceis de gerir, uma vez que a quantidade é muito grande, dependendo da necessidade da sociedade humana, que está a aumentar de dia para dia. Apenas uma pequena quantidade de celulose, hemicelulose e lenhina destes produtos vegetais é utilizada como matéria-prima para diferentes fins, incluindo a alimentação animal, sendo o resto considerado resíduo (Sánchez, 2009).

2.5.1 Celulose

A celulose é um polímero linear composto por subunidades de D-glucose ligadas por ligações β-1,4 glicosídicas que formam o dímero celobiose. Estas formam longas cadeias (ou fibrilas elementares) ligadas entre si por ligações de hidrogénio e forças de van der waals. A celulose está normalmente presente na forma cristalina e uma pequena quantidade de cadeias de celulose não organizadas forma a celulose amorfa. Nesta última conformação, a celulose é mais suscetível à degradação enzimática (Pérez *et al.*, 2002). Na natureza, a celulose parece estar associada a outros compostos vegetais e esta associação pode afetar a sua biodegradação. As moléculas de celulose são compostas por cadeias mais longas de resíduos de β-D glucopiranose ligados por 1-4 ligações glucosídicas, denominadas "fibrilas elementares", que estão ligadas entre si por ligações de hidrogénio e forças de van der waals para formar cadeias longas (Beguin e Aubert, 1994). Dentro de cada fibrila elementar, as moléculas de celulose estão ligadas lateralmente e as moléculas adjacentes correm em direcções opostas, mas em paralelo, com vários graus de orientação (Zarnea, 1994).

2.5.2 Hemicelulose

A hemicelulose é um polissacárido com um peso molecular inferior ao da celulose. É formada por D-xilose, D-manose, D-galactose, D-glucose, L-arabinose, ácidos 4-O-metil-glucurónico, D-galacturónico e D-glucurónico. Os açúcares estão ligados entre si por ligações β-1,4 e, por vezes, por ligações β-1,3-glicosídicas. A principal diferença entre a celulose e a hemicelulose é que a hemicelulose tem ramificações com cadeias laterais curtas constituídas por diferentes açúcares e a celulose é constituída por oligómeros facilmente hidrolisáveis. A hemicelulose é mais variada em estrutura e composição do que a celulose e inclui polímeros de xilano, manano, galactano e arabinano (Beg *et al.*, 2001). A hemicelulose mais abundante na natureza é a xilana, que contém principalmente resíduos de β-D-xilopiranosil ligados por ligações β-1,4-glicosídicas (Koukiekolo *et al.*, 2005). Nas plantas, a xilana forma uma camada sobrejacente através de ligações de hidrogénio com a celulose, enquanto está ligada covalentemente à lenhina, que forma uma bainha exterior para proteger a planta. A xilana constitui uma parte importante das paredes celulares das plantas, formando 30-35% do peso seco total, embora a abundância exacta da xilana possa diferir entre plantas (Beg *et al.*, 2001).

2.5.3 Lenhina

A lenhina está ligada tanto à hemicelulose como à celulose, formando um selo físico que constitui uma barreira impenetrável na parede celular das plantas. Está presente na parede celular para dar suporte estrutural, impermeabilidade e resistência contra o ataque microbiano e o stress oxidativo. Trata-se de um heteropolímero amorfo, não solúvel em água e opticamente inativo, formado por unidades de fenilpropano unidas por ligações não hidrolisáveis. Este polímero é sintetizado pela geração de radicais livres, que são libertados na desidrogenação mediada pela peroxidase de três álcoois fenil propiónicos: álcool coniferílico (guaiacil propanol), álcool cumarílico (p-hidroxifenil propanol) e álcool sinapílico (siringil propanol). Esta estrutura heterogénea está ligada por ligações C-C e aril-éter, sendo o aril-glicerol β-aril-éter as estruturas predominantes. As lenhinas são moléculas poliméricas altamente ramificadas que consistem em unidades monoméricas à base de fenil-propano ligadas entre si por diferentes ligações, incluindo ligações alquil-aril, alquil-alquil e aril-aril-éter, e são muito resistentes à degradação (Hendriks e Zeeman, 2009).

Quadro 2.3 Composição da biomassa lignocelulósica da palha de trigo e de arroz

Biomassa	Celulose (%)	Hemicelulose (%)	Lignina (%)	Referências
Palha de trigo	44.0	29.6	10.4	Dijkerman *et al.*, 1997;
	33.0	23.0	17.0	Merino e **Cherry**, 2007;
	36.6	24.8	14.5	Lee, 1997
	41.3	30.8	7.7	Bridgeman *et al.*, 2008;
	30	50	15	Howard *et al.*, 2003
Palha de arroz	41.0	21.5	9.9	Lee, 1997;
	39.0	15.0	10.0	Merino e Cherry, 2007;
	32.1	24.0	18.0	Howard *et al.*, 2003

2.6 Degradação dos resíduos agrícolas

Os processos de decomposição são afectados por factores identificados e não identificados, entre os quais a disponibilidade de nutrientes, os microrganismos do solo, o ambiente físico, a qualidade dos resíduos das culturas, a exsudação das raízes e os efeitos de preparação da rizosfera são alguns factores determinantes (Singh *et al.*, 2004). Os factores ambientais, como a textura, a humidade e a temperatura do solo, são muito importantes porque podem alterar as taxas de decomposição devido aos seus efeitos na atividade microbiana. Quando os resíduos vegetais são devolvidos ao solo, os seus compostos orgânicos sofrem decomposição microbiana. A decomposição dos resíduos vegetais é um processo biológico, ou seja, a decomposição é realizada por actividades metabólicas dos organismos do solo. A sua velocidade é largamente determinada por três factores principais: os organismos do solo, o ambiente físico (temperatura, humidade, texturas do solo e níveis de oxigénio) e a qualidade dos resíduos vegetais (relações C/N e outras propriedades químicas). Os agentes químicos, físicos e biológicos transformam compostos orgânicos complexos em compostos orgânicos e inorgânicos acessíveis e disponíveis para absorção pelas plantas, melhorando assim o estado biológico, químico e físico do solo. Estas actividades influenciam positivamente a produtividade do solo e o rendimento das culturas através da melhoria da estrutura do solo e do ciclo de nutrientes. A composição dos resíduos vegetais altera-se durante a decomposição. Os produtos finais da decomposição dos resíduos vegetais incluem dióxido de carbono, água, energia, biomassa microbiana, nutrientes inorgânicos e compostos de carbono orgânico ressintetizados, como húmus, fenólicos, celuloses, hemiceluloses e lignina (Baldock, 2007). O húmus tem um efeito muito importante nas propriedades do solo, uma vez que o solo se torna mais escuro, a agregação do solo e a estabilidade dos agregados aumentam e serve de reserva de armazenamento de libertação lenta de N, P e outros nutrientes.

Ao longo dos anos, foi isolado e identificado um espetro diversificado de microrganismos lignocelulolíticos e esta lista continua a crescer rapidamente. Apesar da impressionante coleção de microrganismos lignocelulolíticos, apenas alguns foram estudados extensivamente. Uma grande variedade de fungos e bactérias pode fragmentar materiais lignocelulósicos utilizando uma bateria de enzimas hidrolíticas ou oxidativas. A lignocelulose é um substrato complexo e a sua biodegradação não depende apenas das condições ambientais, mas também da capacidade de degradação das diferentes populações microbianas (Waldrop *et al.*, 2000). A melhor eficiência degradativa dos fungos deve-se à sua organização hifal, que lhes confere capacidade de penetração. A degradação da biomassa por fungos é realizada por misturas complexas de celulases, hemicelulases e ligninases, reflectindo a complexidade dos materiais. Os fungos que possuem enzimas de celulase pertencem, em geral, às classes Ascomycota ou Basidiomycota (Eriksson *et al.*, 1990).

O saprofitismo, um dos estilos de vida mais comuns dos microrganismos, consiste em viver em matéria orgânica morta ou em decomposição, composta maioritariamente por biomassa vegetal. Neste contexto, os microrganismos desenvolveram mecanismos celulares para retirar energia da biomassa vegetal, e um desses mecanismos envolve a produção e secreção de enzimas activas em hidratos de carbono. Estas enzimas degradam a parede celular das plantas, libertando monómeros de açúcares que podem ser utilizados como substratos para o metabolismo dos microrganismos. A utilização microbiana da biomassa vegetal é fundamental para a vida na Terra, pois é responsável por grande parte do fluxo de carbono na biosfera (Souza de, 2013).

Os microrganismos celulolíticos podem estabelecer relações sinérgicas com espécies não celuloliticas nos resíduos celulósicos. As interações entre ambas as populações conduzem à degradação completa da celulose, libertando dióxido de carbono e água em condições aeróbias, e dióxido de carbono, metano e água em condições anaeróbias (Be'guin e Aubert, 1994). Os açúcares solúveis produzidos pela digestão da celulase são transportados para o interior da célula e metabolizados. A capacidade de degradar a lignocelulose está distribuída principalmente entre fungos e bactérias. A maioria das bactérias e fungos celulolíticos segrega as suas celulases fora da parede celular, uma vez que estes organismos são incapazes de transportar materiais insolúveis, como a celulose, através da membrana celular. A capacidade de degradar a lignocelulose está distribuída principalmente entre fungos e bactérias. Foram efectuados vários estudos sobre a decomposição da palha de arroz por muitos tipos de microrganismos, tais como bactérias celulolíticas (Sirisena e Manamendra, 1995) e fungos lignocelulolíticos (Kausar *et al.*, 2010).

2.6.1 Degradação bacteriana

As bactérias que degradam a celulose foram isoladas de vários ambientes, tais como sistemas de compostagem (Lu *et al.*, 2005; Vargas-García *et al.*, 2007), solos (Lee *et al.*, 2008) e águas residuais (Tai *et al.*, 2004). Estas podem ser encontradas em diferentes géneros, como *Clostridium, Ruminococcus, Caldicellulosiruptor, Butyrivibrio, Acetivibrio, Cellulomonas, Erwinia, Thermobifida, Fibrobacter, Cytophaga* e *Sporocytophaga*. Woo *et al.* (2014) isolaram 75 isolados bacterianos pertencentes aos filos *Proteobacteria, Firmicutes* e *Actinobacteria*. Ventorino *et al.* (2015) também encontraram resultados semelhantes no estudo da diversidade bacteriana durante a degradação de diferentes biomassas lignocelulósicas vegetais em condições naturais e isolaram estirpes bacterianas para detetar bactérias produtoras de enzimas potencialmente melhoradas. Encontraram uma comunidade bacteriana altamente complexa, composta por bactérias ubíquas, com a maior representação dos filos *Actinobacteria, Proteobacteria, Bacteroidetes* e *Firmicutes*. A degradação bacteriana do material celulolítico é mais restrita à biomassa que contém baixas quantidades de lenhina, uma vez que as bactérias são fracas produtoras de lignanases. A biomassa vegetal produzida em ambiente aquático, contendo pequenas quantidades de lenhina, é tipicamente degradada por bactérias, que estão mais bem adaptadas a um ambiente aquático do que os fungos (Lynd *et al.*, 2002). As estirpes bacterianas têm a capacidade de produzir complexos de celulase tanto aerobicamente como anaerobicamente. As bactérias celulolíticas também se encontram no rúmen de animais herbívoros (Wanapat, 2003; Utomo *et al.*, 2006; Lynd *et al.*, 2002). Algumas das estirpes bacterianas produtoras de celulases são *Rhodospirillum rubrum, Cellulomonas fimi, Clostridium stercorarium, Bacillus polymyxa, Pyrococcus furiosus, Acidothermus cellulolyticus* e *Saccharophagus degradans*, tendo sido estudadas extensivamente (Das *et al.*, 2007; Kato *et al.*, 2005; Taylor *et al.*, 2006; Weber *et al.*, 2001). Alguns outros, como *Bacillus circulans, Bacillus amyloliquefaciens, Bacillus subtilis, Clostridium thermocellum, Dictyoglomus thermophillus, Streptomyces halstedi* e *Thermobacillus xylanolyticus,* são considerados fontes de hemicelulases (Maki *et al.,* 2009)

As celulases bacterianas existem como complexos multienzimáticos discretos, denominados celulossomas, que consistem em múltiplas subunidades que interagem entre si de forma sinérgica e degradam eficazmente os substratos celulósicos (Bayer *et al.,* 2004). Acredita-se que o celulossoma permite uma atividade enzimática concertada na proximidade da célula bacteriana, permitindo um sinergismo ótimo entre as celulases presentes no celulossoma. Concomitantemente, o celulossoma também minimiza a distância pela qual os produtos da hidrólise da celulose têm de se difundir, permitindo a absorção eficiente destes oligossacáridos pela célula hospedeira (Schwarz, 2001).

2.6.2 Degradação fúngica

A utilização da celulose está distribuída por todo o reino Fungi, desde os *Chytridomycetes* , semelhantes a protistas, até aos *Basidiomycetes* avançados (Lynd *et al.,* 2002), mas os degradadores mais rápidos deste grupo são os basidiomycetes (TenHave e Teunissen, 2001; Bennett *et al.,* 2002; Rabinovich *et al.,* 2004). Pensa-se que a capacidade de degradar a lignocelulose de forma eficiente está associada a um hábito de crescimento micelial que permite ao fungo transportar nutrientes escassos, como o azoto e o ferro, a uma certa distância para o substrato lignocelulósico pobre em nutrientes que constitui a sua fonte de carbono (Hammel, 1997). Os fungos desempenham um papel central na degradação da biomassa vegetal, produzindo uma vasta gama de enzimas activas em hidratos de carbono responsáveis pela degradação de polissacáridos. Os conjuntos de enzimas para a degradação da parede celular das plantas diferem entre muitas espécies de fungos, e a nossa compreensão da diversidade fúngica no que diz respeito à degradação da matéria vegetal é essencial para o melhoramento de novas estirpes e o desenvolvimento de cocktails enzimáticos para aplicações industriais.

O fungo mais estudado e relatado como eficiente na degradação da celulose é o *Trichoderma reesei.* Embora *T. reesei* não tenha o maior número de celulases do reino dos fungos, é altamente eficiente na degradação da celulose, principalmente devido à elevada eficácia das celulases que actuam sinergicamente nesta espécie (Ward *et al.,* 1993). Várias estirpes de *Trichoderma* produzem um complexo extracelular de celulase que degrada a celulose nativa (Wojtczak *et al.,* 1987). Para além de *Trichoderma viride,* outras estirpes mesófilas produtoras de celulases são *Fusarium oxysporium, Piptoporus betulinus, Penicillium echinulatum, P. purpurogenum, Aspergillus niger* e *A. fumigatus,* que também foram relatadas por investigadores (Martins *et al.,* 2008; Sharma *et al.,* 2001; Singh *et al.,* 1989; Szijarto *et al.,* 2004; Valaskova e Baldrian, 2006).

A decomposição de material lignocelulósico catalisada por enzimas de fungos celulolíticos é de grande importância no nosso ecossistema. Não é de surpreender que estas celulases fúngicas tenham sido objeto de grande investigação ao longo dos anos. O principal interesse nas celulases fúngicas resulta do facto de vários fungos produzirem celulases extracelulares em quantidades significativas. Tal como as celulases bacterianas, as celulases fúngicas actuam em sinergia com endoglucanases, exoglucanases e β-glucosidases para a hidrólise celulósica (Zhou e Ingram, 2000). Para além do fungo celulolítico *Trichoderma viride*, muitos outros fungos produzem celulases e degradam o material celulósico tratado ou os derivados solúveis da celulose, como a carboximetilcelulose. No entanto, não são muito eficazes em substratos celulósicos cristalinos. Para além de *Trichoderma viride,* foram também comunicadas outras estirpes mesófilas que produzem celulases, como *Fusarium oxysporium, Piptoporus betulinus, Penicillium echinulatum, P. purpurogenum, Aspergillus niger* e *A. fumigatus* (Martins *et al.*, 2008; Sharma *et al.*, 2001; Szijarto *et al.*, 2004; Valaskova e Baldrian, 2006). As celulases de *Aspergillus* têm geralmente uma atividade *β-glucosidase* elevada, mas níveis mais baixos de endoglucanase, ao passo que *Trichoderma* tem componentes endo e exoglucanase elevados, mas níveis mais baixos de *β-glucosidase*, pelo que tem uma eficiência limitada na hidrólise da celulose. Os fungos termofílicos, como *Sporotrichum thermophile, Scytalidium thermophillum, Clostridium straminisolvens* e *Thermonospora curvata*, também produzem o complexo de celulase e podem degradar a celulose nativa (Hutnan *et al.*, 2000; Kato *et al.*, 2004; Kaur *et al.*, 2004). Maijala *et al.* (2012) avaliaram as enzimas hemicelulolíticas, celulolíticas, xilanolíticas e mananolíticas em *Thermomyces lanuginosus, Malbranchea cinnamomea, Myceliophthora fergusii* e o *Aspergillus terreus*, tolerante ao calor, e encontraram diferentes níveis de actividades enzimáticas produzidas por estas estirpes fúngicas. Estes organismos termofílicos podem ser fontes valiosas de celulases termoestáveis.

Tradicionalmente, a incorporação de palha é considerada uma estratégia importante para melhorar a qualidade do solo e reduzir a dependência de fertilizantes minerais (Ortiz e Hue, 2008; Tejada *et al.,* 2008). Muitos estudos têm tentado acelerar a decomposição da palha através de rotas microbianas. As aplicações de fungos celulolíticos, como *Aspergillus, Chaetomium* e *Trichoderma* (Bowen e Harper, 1990; Tiwari *et al.,* 1987) e actinomicetos (Abdulla e El-Shatoury, 2007), mostraram resultados promissores.

2.7 Papel das enzimas na degradação

Os factores geoquímicos (pH e salinidade) e físicos (temperatura, pressão e radiação) podem exercer uma pressão selectiva sobre a biodiversidade dos microrganismos (Van Den Burg, 2003). A hidrólise enzimática dos hidratos de carbono das plantas surgiu como a ecotecnologia mais proeminente para a degradação das biomassas das culturas. Do ponto de vista microbiológico, a biomassa lignocelulósica representa um ecossistema complexo no qual as condições ambientais influenciam os organismos vivos. No sistema natural, comunidades microbianas autóctones podem prevalecer sobre outros microrganismos por possuírem enzimas capazes de degradar moléculas complexas como a celulose e a hemicelulose, formando as biomassas lignocelulósicas que são a fonte de energia renovável mais abundante na Terra (Soares *et al.,* 2012). Várias preparações enzimáticas que consistem em diferentes combinações de celulases, hemicelulases e pectinases têm aplicações potenciais na agricultura para aumentar o crescimento das culturas e controlar doenças das plantas (Chet *et al.,* 1998; Bhat, 2000).

2.7.1. Celulases

As celulases podem ser divididas em três classes principais de atividade enzimática. Estas são endoglucanases ou endo-1, 4-β-glucanase, celobiohidrolase e β-glucosidase. Propõe-se que as endoglucanases, frequentemente designadas por carboximetilcelulases/ (CM)-celulases, iniciem o ataque aleatoriamente em múltiplos locais internos nas regiões amorfas da fibra de celulose, abrindo locais para o ataque subsequente das celobiohidrolases (Wood, 1991). A celobiohidrolase, frequentemente designada por exoglucanase, é o principal componente do sistema de celulase fúngica, representando 40 a 70% do total de proteínas de celulase, e pode hidrolisar celulose altamente cristalina (Esterbauer *et al.,* 1991). As celulases fúngicas são diferentes dos sistemas bacterianos; as enzimas fúngicas podem ser produzidas como entidades separadas, tendo cada uma delas acções específicas. A diferença bioquímica mais profunda entre os sistemas fúngicos e bacterianos é o produto final produzido durante a hidrólise da celulose. Enquanto os sistemas fúngicos produzem apenas glucose durante a degradação da celulose, os sistemas bacterianos produzem celobiose, que é levada para a célula e hidrolisada em glucose (Steenbakkers *et al.,* 2003). Na década de 1950, Reese e Mandels (1964) iniciaram o trabalho pioneiro para compreender o papel das celulases na degradação da celulose (Mandels e Reese, 1964). Também ilustraram a importância das celulases fúngicas na degradação agressiva da celulose, especificamente as celulases produzidas por *Trichoderma reesei*. Dois géneros de fungos, *Trichoderma* e *Aspergillus*, foram estudados extensivamente para a produção de celulose. *O Trichoderma reesei* é uma das fontes mais prolíficas de enzimas de celulase devido à sua secreção de uma família de diferentes enzimas celulolíticas. Principalmente *o Trichoderma reesei* e os seus mutantes são amplamente utilizados para a produção comercial de hemicelulases e celulases (Jorgensen *et al.,* 2003).

A proporção correta destas enzimas actua em sinergia para uma sacarificação máxima. A endoglucanase cliva as ligações internas da cadeia de β-1,4-glucano na celulose de forma aleatória e abre as moléculas para as celobiohidrolases que hidrolisam as ligações na extremidade não redutora da cadeia celulósica cristalina, produzindo celobiose. As celobiases dividem as unidades dissacáridas e convertem a celobiose em glucose, completando assim a celulólise (Duenas *et al.,* 1995).

As celulases e as enzimas relacionadas de certos fungos são capazes de degradar a parede celular dos agentes patogénicos das plantas, controlando as doenças das plantas (Bhat, 2000). As β-glucanases fúngicas são capazes de controlar doenças através da degradação das paredes celulares dos agentes patogénicos das plantas. Sabe-se que muitos fungos celulolíticos, incluindo *Trichoderma sp.*, *Geocladium sp.*, *Chaetomium sp.* e *Penicillium sp.* desempenham um papel fundamental na agricultura, facilitando a germinação de sementes, o rápido crescimento e floração das plantas, a melhoria do sistema radicular e o aumento do rendimento das culturas (Bailey e Lumsden, 1998; Harman e Björkman, 1998). Embora estes fungos tenham efeitos diretos (provavelmente através de factores difusíveis que promovem o crescimento) e indirectos (controlando as doenças das plantas e os agentes patogénicos) nas plantas (Bailey e Lumsden, 1998; Harman e Björkman, 1998), ainda não é claro como é que estes fungos facilitam o melhor desempenho das plantas. Foi referido que a β-1,3-glucanase e a N-acetil-glucosaminidase da estirpe P1 de *T. harzianum* inibiam sinergicamente a germinação de esporos e o alongamento do tubo germinativo de *B. cinerea* (Lorito *et al.*, 1994). Fontaine *et al.* (2004) mostraram que a suplementação com celulase exógena acelerou a decomposição da celulose no solo. Por conseguinte, a utilização de celulase exógena pode ser um meio potencial para acelerar a decomposição da palha e aumentar a fertilidade do solo (Han e Me, 2010).

Os microrganismos celulolíticos podem estabelecer relações sinérgicas com espécies não celulolíticas nos resíduos celulósicos. As interações entre ambas as populações conduzem à degradação completa da celulose, libertando dióxido de carbono e água em condições aeróbias, e dióxido de carbono, metano e água em condições anaeróbias (Leschine, 1995).

2.7.2 Hemicelulases

Nas paredes celulares das plantas, a celulose está emaranhada e protegida pela hemicelulose, um grupo de polissacáridos complexos constituídos por diferentes unidades de glicose e ligações glicosídicas. A degradação da hemicelulose é efectuada principalmente por uma série de hemicelulases interdependentes e sinérgicas. São necessárias várias enzimas diferentes para hidrolisar as hemiceluloses, devido à sua heterogeneidade (Saha, 2003). Os micróbios celulolíticos produzem muitas hemicelulases juntamente com celulases para uma degradação eficaz da lignocelulose (Chundawat *et al.*, 2011). A xilana é o componente mais abundante das hemiceluloses, contribuindo com mais de 70% da sua estrutura. As hemicelulases são frequentemente classificadas de acordo com a sua ação em substratos distintos, a endo-1,4-β-xilanase (EC 3.2.1.8) gera oligossacáridos a partir da clivagem da xilana e a xilana 1,4-β-xilosidase (EC 3.2.1.37) produz xilose a partir de oligossacáridos (Jeffries, 1994). A degradação da xilana (glucurono)(arabino), um grupo de polissacáridos D-xilopiranosil (Xil) com ligações β(1→4) e diferentes substituições O por acetilo, glucuronoil (GlcU), arabinosil (Ara) ou outros substituintes, é efectuada principalmente pela endo- β-xilanase (EC 3.2.1.8), que hidrolisa as ligações glicosídicas da espinha dorsal da xilana. As β-xilosidases (BX, EC 3.2.1.37) hidrolisam a xilobiose ou outros xilooligossacáridos, após a sua produção a partir da xilana pela xilanase (Jordan e Wagschal, 2010). Muitos microrganismos, como *Penicillium capsulatum* e *Talaromyces emersonii*, possuem sistemas enzimáticos completos de degradação da xilana (Filho *et al.*, 1991). Entre as enzimas segregadas por fungos celulolíticos, as xilanases representam frequentemente <1% do peso, embora possam ser produzidas múltiplas xilanases (Sipos *et al.*, 2010; Chundawat *et al.*, 2011). O sinergismo das hemicelulases é encontrado tanto entre as próprias hemicelulases quanto entre hemicelulases e celulases (Couturier *et al.*, 2011; Gottschalk *et al.*, 2010)

2.7.3 Lacas

As enzimas extracelulares envolvidas na degradação da lenhina são as peroxidases e as laccases, com as suas enzimas acessórias (Hammel e Cullen, 2008; Kirk e Cullen, 1998). As peroxidases incluem: (i) as lignina peroxidases (LiPs, "ligninases", EC 1.11.1.14); (ii) as manganês peroxidases (MnPs, "Mn-dependent peroxidases", EC 1.11.1.13), que foram descobertas no início da década de 1980; e (iii) as peroxidases versáteis (VPs, EC 1.11.1.16), que foram descobertas na década de 1990 (Martı'nez, 2002) e aparentemente representam híbridos de LiPs e MnPs. Trata-se de heme peroxidases extracelulares de fungos com elevada capacidade de degradação oxidativa da lenhina. Após interação com $H O_{22}$, estas enzimas formam espécies Fe (V) ou Fe (IV)-oxo altamente reactivas, que abstraem electrões da lenhina (para causar oxidação ou radicalização) quer diretamente quer através de espécies Mn (III).

A lacase tem sido estudada desde 1880, altura em que foi descrita pela primeira vez na árvore da laca (Baldrian, 2006). A lacase (EC 1.10.3.2) é uma oxidase multi-cobre segregada por numerosos fungos lignocelulolíticos. Em 1896, a presença da lacase nos fungos foi demonstrada pela primeira vez por Bertrand e Laborde (Levine, 1965; Thurston, 1994). Utiliza o oxigénio molecular como oxidante e também oxida os anéis fenólicos em radicais fenoxi (embora o potencial redox seja um pouco inferior ao das peroxidases; Baldrian, 2006). A lacase insere-se na descrição mais ampla das polifenol oxidases. As polifenol oxidases são proteínas cúpricas com a caraterística comum de serem capazes de oxidar compostos aromáticos com oxigénio molecular como acetor terminal de electrões (Mayer, 1987)

Os fungos que apodrecem a madeira são os principais produtores de lacases, mas esta oxidase foi isolada de muitos fungos, incluindo *Aspergillus* e os fungos termofílicos *Myceliophora thermophila* e *Chaemotium thermophilium* (Leonowicz *et al.*, 2001). Esta enzima é também comum em plantas superiores e noutros fungos, e mesmo em bactérias e insectos, foram descritas oxidases de cobre múltiplas semelhantes a lacases (Giardina *et al.*, 2010). As lacases pertencem a uma superfamília de oxidases de cobre múltiplas (MCOs; Hoegger *et al.*, 2006), formando um grupo filogeneticamente divergente das chamadas "oxidases azuis" que contêm quatro átomos de cobre por mol de enzima, dispostos em três metalocentros entre três domínios estruturais formados por um único polipéptido com cerca de 500 aminoácidos de comprimento. Filogeneticamente, as oxidases de cobre múltiplas podem ser classificadas como verdadeiras lacases fúngicas e separadas de outras enzimas semelhantes a lacases (Lundell *et al.*, 2010). Nos fungos, as laccases ou enzimas de cobre semelhantes a lacases podem estar envolvidas na degradação da lenhina, mas na fisiologia fúngica as laccases podem também ter outras funções, por exemplo, na pigmentação, na formação do corpo de frutificação, na esporulação, na patogenicidade e na desintoxicação (Thurston, 1994).

2.8 Métodos de identificação de fungos

Até à data, os micologistas identificaram cerca de 74 000 espécies de fungos, o que representa aproximadamente 5% da estimativa amplamente aceite de 1,5 milhões de espécies de fungos (Kennedy e Clipson, 2003). Esta falta de descoberta de espécies deve-se, em parte, à natureza microscópica dos fungos e à sua associação frequentemente imbricada com o seu substrato. Estes problemas, juntamente com a falta de micologistas treinados, tornaram a identificação de fungos extremamente difícil, fazendo com que muitos micologistas não incluam a identificação de espécies na sua investigação. A identificação morfológica das espécies de fungos baseia-se na presença de estruturas reprodutivas. Portanto, a identificação morfológica de espécies depende da capacidade dos micologistas de induzir a produção de estruturas reprodutivas, o que nem sempre é possível (Seena e Pascoal, 2010). Além disso, a quantidade de esporos produzidos não é uma representação exacta das actividades e da abundância reais dos fungos, porque os micélios activos nem sempre libertam esporos (Bärlocher, 2010). Em última análise, basear-se na morfologia reprodutiva não representa com exatidão as espécies presentes. Os novos métodos moleculares e químicos de identificação de fungos fornecem aos micologistas novas ferramentas metodológicas para identificar comunidades de fungos, como a sequenciação do gene rDNA. As técnicas moleculares têm sido utilizadas para identificar várias outras espécies de organismos (Hebert *et al.*, 2003). Os micologistas demonstraram a exatidão entre a morfologia e a análise de ADN em termos de espécies de fungos (Letourneau *et al.*, 2010). A identificação da composição da comunidade de fungos pode ajudar os micologistas a compreender a forma como espécies específicas contribuem para os processos ecológicos e biogeoquímicos.

2.8.1 Morfológica

As espécies de fungos, ou os taxa (singular: taxon), são normalmente designados com base em caraterísticas morfológicas. São inicialmente selecionados isolados representativos particulares para identificação e observados quanto às suas caraterísticas morfológicas. As estruturas de frutificação, os esporos, os micélios, os hábitos de crescimento e a morfologia de vários isolados são observados em culturas. Convencionalmente, realizam-se observações num microscópio de dissecação e num microscópio composto. As estruturas fúngicas são preparadas numa lâmina e montadas com um agente de coloração para observação. Os caracteres microscópicos dos fungos são essenciais para a sua identificação. Para identificar com precisão muitos fungos, é essencial observar a disposição exacta dos conidióforos e a forma como os esporos são produzidos (ontogenia conidial). A produção de esporos e as estruturas associadas são os caracteres mais importantes para a identificação dos fungos. Sem colocar uma lamela, o hábito de esporulação, os esporos em cadeia ou a cabeça dos esporos podem ser facilmente observados ao microscópio. As observações com uma lente de óleo também são essenciais. Os especialistas podem identificar alguns fungos através da observação parcial desses fungos com base na experiência e conhecimentos acumulados, mas as observações devem ser repetidas para conhecer as caraterísticas morfológicas em pormenor e para aceder ao taxon mais adequado (Watanabe, 2002). A preparação de montagem húmida de azul de algodão com lactofenol (LPCB) é o método mais utilizado para a coloração e observação de fungos.

Por vezes, são utilizados dois ou mais meios para cultivar seletivamente os fungos de interesse para obter mais informações e caracteres de acordo com a fisiologia e a ecologia das espécies de fungos (Li *et al.*, 2006). Na placa de cultura, as caraterísticas das colónias são primeiro avaliadas para determinar o grupo principal de fungos a que pertencem os isolados. Uma vez feitas as observações iniciais, são utilizados alguns critérios microscópicos para identificar o género/espécie do isolado fúngico, como a estrutura das hifas (septadas ou asseptadas, pigmentadas ou não pigmentadas), a estrutura e a derivação dos corpos de frutificação, o tipo de conidação (tamanho, forma e disposição dos esporos ou conídios), etc.

2.8.2 Bioquímica

Apenas muito poucos métodos estão disponíveis para a identificação bioquímica de espécies de fungos. O Biolog FF MicroPlate ™ é um produto de identificação e caraterização rápida projetado para fungos filamentosos e leveduras, incluindo espécies dos gêneros *Aspergillus, Penicillium, Fusarium, Alternaria, Mucor, Gliocladium, Cladosporium, Paecilomyces, Stachybotrys, Trichoderma, Zygosaccharomyces, Acremonium, Beauveria, Botryosphaeria, Botrytis, Candida* e *Geotrichum*. A FF MicroPlate utiliza uma química redox semelhante à do Biolog, os outros produtos de identificação/caraterização microbiana com provas dadas. Esta química, baseada na redução do tetrazólio, responde ao processo de metabolismo (oxidação de substratos). A química universal da Biolog funciona com qualquer fonte de carbono e simplifica muito o processo de teste, uma vez que não é necessário adicionar produtos químicos de desenvolvimento de cor após a incubação. A base de dados FF também analisa o crescimento fúngico *através da* análise turbidimétrica. O desenvolvimento da cor e a análise da turbidez fornecem identificações extremamente precisas ao nível da espécie (www.biolog.com).

2.8.3 Molecular

A abordagem de identificação molecular, em particular a PCR, é agora amplamente utilizada no laboratório como um método adicional para complementar as abordagens morfológicas para uma identificação exacta das espécies de fungos. Foram concebidos e amplamente utilizados muitos marcadores para fins específicos, tais como: os genes RPB1 e RPB2 da subunidade da polimerase do ARN, o gene rDNA da subunidade grande D1/D2 e a β-tubulina. A identificação molecular de fungos até ao nível da espécie baseou-se principalmente na utilização de regiões ITS (espaçadores transcritos internamente) variáveis do ADN ribossómico (ADNr). Entre as subunidades 18S e 5.8S; e entre as subunidades 5.8S e 28S do gene do ADN ribossómico (rDNA) encontram-se as regiões ITS1 e ITS2 do espaçador transcrito intergénico. Estas regiões ITS não codificantes devem produzir um ensaio altamente sensível como sequência-alvo para amplificação, devido ao seu elevado número de cópias no genoma fúngico como parte do rDNA nuclear repetido aleatoriamente. Estas regiões beneficiam de uma taxa de evolução rápida, o que resulta numa maior variação da sequência entre espécies estreitamente relacionadas, em comparação com as regiões codificadoras mais conservadas dos genes rRNA. Consequentemente, as sequências de ADN da região ITS fornecem geralmente uma maior resolução taxonómica do que as das regiões codificadoras (Anderson *et al.*, 2003; Lord *et al.*, 2002). Além disso, as sequências de ADN na região ITS são altamente variáveis e podem servir como marcadores para grupos taxonomicamente mais distantes. A identificação de fungos inclui a colheita da cultura de fungos num meio, a extração de ADN e a amplificação por PCR. Eletroforese em gel do ADN amplificado, seguida da subsequente purificação do produto da amplificação. Os amplicões purificados são depois sequenciados pelos métodos disponíveis (Turenne *et al.*, 1999). A maioria dos investigadores está a utilizar métodos moleculares para identificar espécies de fungos com maior precisão (Al-Najada e Gherbawy, 2015; Alvarez-Navarrete *et al.*, 2015; Hibbett e Taylor, 2013; Schoch *et al.*, 2012).

2.9 Perspectivas e desafios futuros

A forma mais pronta e acessível de biomassa são os resíduos de culturas que permanecem nos campos colhidos. Os resíduos derivados das culturas são considerados "a maior fonte de matéria orgânica do solo" (Tisdale *et al.*, 1985) para os solos agrícolas. A maioria dos agricultores na Índia está a gerir estes resíduos queimando-os ou removendo-os dos seus campos. Atualmente, as práticas de agricultura de conservação (AC) têm sido amplamente aplicadas em todo o mundo numa variedade de agro-ecossistemas, a fim de evitar a degradação do solo e melhorar a fertilidade através da utilização de resíduos de culturas e da adoção de outras práticas de conservação/gestão de recursos. A utilização *in situ* de resíduos lignocelulósicos requer um processo que assegure uma rápida biodegradação. Naturalmente, alguns micróbios têm o potencial para degradar estes biopolímeros. Os fungos têm uma vantagem na compostagem de resíduos lignocelulósicos porque são filamentosos e têm a capacidade de produzir esporos prolíficos, que podem invadir os substratos rapidamente. Além disso, as culturas mistas podem influenciar melhor a colonização do substrato através do aumento da produção de enzimas, bem como da resistência à contaminação por outros micróbios. Para abordar as questões anteriores, são necessárias investigações pormenorizadas para isolar, selecionar e avaliar os isolados de fungos lignocelulolíticos para a degradação rápida e ecológica de resíduos de culturas lignocelulósicas.

Muito poucos estudos foram realizados sobre a diversidade microbiana em solos agrícolas utilizando técnicas de sequenciação de ADN, a maioria dos quais foi realizada sobre a diversidade bacteriana (Ceja-Navarro *et al.*, 2010; Jacobsen e Hjelmsø, 2014; Schmidt e Waldron, 2015; Upchurch *et al.*, 2008) do que sobre a diversidade fúngica (Bueè *et al.*, 2009; Tardy *et al.*, 2015). Nos sistemas agrícolas/AC, a diversidade microbiana em geral e a diversidade fúngica em particular, sendo de natureza filamentosa, desempenharam um papel importante na degradação dos resíduos das culturas e na estabilidade dos ecossistemas do solo. Por conseguinte, é necessário dar mais atenção ao estudo da diversidade fúngica em diferentes sistemas de gestão das culturas. Para uma compreensão mais alargada da diversidade microbiana, devem ser utilizados métodos modernos de NGS, mas o custo da sequenciação NGS foi um grande desafio que constitui um obstáculo ao avanço dos estudos. O primeiro equipamento de NGS ficou disponível em 2004 (Morey *et al.*, 2013). Nessa altura, os custos de sequenciação por base eram de 0,01 dólares, mas com o desenvolvimento destas metodologias a taxa baixou para cerca de 0,0001 dólares em 2006, continuando a diminuir à medida que a capacidade das máquinas aumenta (Service, 2006). Embora o custo da sequenciação seja mais baixo, o custo das plataformas de sequenciação e a sua manutenção continuam a ser mais elevados para os países em desenvolvimento. Um outro problema destes métodos é a gestão e a interpretação da grande quantidade de dados gerados. Nenhum destes avanços seria possível sem o desenvolvimento de algoritmos matemáticos adequados para transformar as leituras de sequências e os dados associados em informação significativa. Estes algoritmos ainda estão a ser desenvolvidos. Embora seja difícil prever o futuro da sequenciação, é evidente que, com o aumento do número de investigações NGS, esta se tornará uma ferramenta básica importante.

3. MATERIAIS E MÉTODOS

Os fungos desempenham um papel importante na decomposição da matéria orgânica no solo. A presente investigação/estudo foi realizada para estudar a diversidade fúngica em solos de diferentes cenários de gestão de culturas e as actividades lignocelulolíticas de fungos autóctones.

3.1 Recolha de amostras

Amostras de solo foram coletadas em quatro diferentes cenários de manejo de culturas para a agricultura de conservação no mês de maio, após a colheita da cultura do trigo. Cada cenário foi replicado três vezes em parcelas de escala de produção, cada uma com tamanho de 2000 m² (20-m x 100-m), organizadas em um projeto de blocos completos aleatórios. Para a amostragem do solo, a parcela de cada cenário foi dividida em quatro grelhas (10 m x 50 m). Dentro de cada grelha, o solo foi recolhido em 9 locais e composto para formar a amostra representativa. O solo foi escavado a uma profundidade de 0-15 cm utilizando um trado tubular de 5 cm de diâmetro e as amostras foram recolhidas em sacos de polietileno esterilizados e imediatamente armazenadas a 4°C.

3.1.1 Local experimental

As amostras de solo foram recolhidas numa plataforma de investigação experimental de um projeto da Iniciativa do Sistema Cerealífero para o Sul da Ásia (CSISA). Está localizada no Instituto Central de Investigação da Salinidade do Solo (CSSRI), Karnal, Haryana, Índia (29°70′N de latitude e 76°96′E de longitude). O clima da região é caracterizado por uma precipitação média anual de 670 mm (75-80% da qual é recebida durante a monção do sudoeste), uma temperatura mínima de 0-4^0 C em janeiro, uma temperatura máxima de 40-46° C em junho e uma humidade relativa de 60-95% ao longo do ano. Esta região apresenta condições meteorológicas extremas, com Verões quentes e secos a húmidos (junho-outubro) adequados para o milho e o arroz; Invernos frescos e secos (novembro-abril) para o trigo e Verões quentes para o feijão-mungo.

3.1.2 Cenários experimentais

Ensaios à escala de produção de sistemas de cultivo a longo prazo foram adaptados a quatro cenários diferentes na plataforma/parcelas de investigação experimental da CSISA. Foram utilizados tratamentos de cenários que variam em sistemas de cultivo, métodos de lavoura e de estabelecimento de culturas, gestão de resíduos de culturas e práticas de gestão de culturas. Os cenários foram concebidos com base em diferentes factores de mudança na agricultura.

Cenários/tratamentos de conservação de recursos

- ***Sistema de cultivo*** - Arroz-trigo, Arroz-trigo-mungo, Milho-trigo-mungo.

- *Gestão da lavoura* - Arroz - Empoçamento e lavoura zero, Trigo - Difusão e lavoura zero.
- *Gestão de resíduos* - sem resíduos, 100% de retenção (arroz e feijão-mungo), retenção de resíduos de trigo ancorada.
- *Estabelecimento de culturas* - Arroz - transplantação (TPR) e sementeira direta (DSR), trigo - difusão e sementeira direta, feijão-mungo - retransmissão e sementeira direta, milho - sementeira direta.
- *Práticas de irrigação* - Arroz - inundação e humedecimento e secagem alternados, Milho - conforme as necessidades.

Quadro 3.1 Agricultura de conservação com base em diferentes cenários

	Cenário I	**Cenário II**	**Cenário III**	**Cenário IV**
Factores de mudança	Manutenção do status quo (prática atual dos agricultores)	Aumento da produtividade e do rendimento através da intensificação e das melhores práticas de gestão (gestão integrada das culturas e dos recursos)	Sistema concebido para lidar com a escassez de água, mão de obra e energia e com a degradação da saúde dos solos (sistemas baseados na agricultura de conservação)	Sistemas de cultivo futuristas, intensivos e diversificados, para lidar com a escassez de água, mão de obra e energia e com a degradação da saúde dos solos (sistemas baseados na agricultura de conservação)
Rotação das culturas	Arroz-trigo	Arroz-trigo-mungo	Arroz-trigo-mungo	Milho-trigo-mungo
Lavoura	**Lavoura convenciona l (CT)** Arroz empapado Trigo - lavoura convencional	**Convencional/plan tio direto (ZT)** Arroz - empoçamento Trigo - plantio direto Feijão-mungo - plantio direto	**Plantio direto** Arroz - plantio direto Trigo - plantio direto Feijão-mungo - plantio direto	**Plantio direto** Milho - plantio direto Trigo - plantio direto Feijão-mungo - plantio direto
Método de estabelecime nto das culturas	Transplantaç ão de arroz Trigo - difusão	Arroz - transplantação Trigo - sementeira com semeador Feijão-mungo - sementeira/transmis são	Arroz - sementeira com sementeira Trigo - sementeira	Milho - sementeira em sementeira Trigo - sementeira com semeador

			com semeador Feijão-mungo - sementeira/tra nsmissão	Feijão-mungo - sementeira/tran smissão
Gestão de resíduos	Remoção de todos os resíduos	Resíduos parciais de arroz (ancorados) retidos; resíduos parciais de trigo (ancorados); e resíduos integrais de feijão-mungo incorporados durante a formação de poças na época do arroz	100% de resíduos de arroz e de feijão-mungo e 100% de resíduos de trigo parcialmente retidos na superfície do solo	Milho e feijão-mungo na totalidade (100%), enquanto que os resíduos de trigo parcialmente (ancorados) ficam retidos na superfície do solo

Os quatro cenários (Quadro 3.1) são

Cenário I - Rotação arroz (CT/TPR)-trigo (convencional) como na prática dos agricultores em que os resíduos de arroz e trigo foram removidos (prática habitual dos agricultores).

Cenário II - Rotação arroz-trigo-mungo (CT/TPR-ZT-ZT), em que os resíduos totais (100%) de arroz e parciais (ancorados) de trigo ficaram retidos na superfície do solo, enquanto os resíduos totais de mungo foram incorporados.

Cenário III - Arroz-trigo-mungo (ZT-ZT-ZT), em que o arroz e o feijão-mungo são totalmente (100%); resíduos parciais (ancorados) de trigo são retidos na superfície do solo.

Cenário IV - Milho-trigo-mungo (ZT-ZT-ZT), em que o milho (65%) e o feijão-mungo são integrais; resíduos parciais (ancorados) de trigo são retidos na superfície do solo (sistema futurista).

Os pormenores relativos à gestão dos cenários seguidos neste estudo são descritos na Tabela 3.1.

3.1.3 Análise de amostras

O pH do solo (suspensões de água do solo 1:2) e a condutividade eléctrica (CE) foram determinados de acordo com os métodos padrão (Jackson, 1973). A análise da textura do solo foi efectuada segundo o Método Internacional da Pipeta (Baruah e Barthakur, 1999). O teor de carbono orgânico oxidável (CO) dos solos em diferentes cenários foi determinado segundo o método de oxidação húmida de Walkley e Black (Walkley e Black, 1934). As propriedades do solo dos diferentes cenários são apresentadas no Quadro 3.2

Tabela 3.2 Propriedades do solo

Cenários	pH	CE (dsm)$^{-1}$	Carbono orgânico (%)
1	8.06	0.21	0.48
2	7.70	0.20	0.58
3	7.84	0.26	0.79
4	7.60	0.26	0.80

3.2 Produtos químicos

Os produtos químicos, corantes e meios utilizados no presente estudo eram de grau analítico e de elevada pureza, provenientes de Hi Media Laboratories, Merck & Co. e Sigma-Aldrich Co.

3.3 Isolamento e rastreio de fungos

Os fungos foram isolados a partir de várias amostras de solo em diferentes tipos de meios e, em seguida, analisados quanto à sua atividade lignocelulolítica.

3.3.1 Isolamento de fungos

As amostras de solo foram trituradas até passarem por um peneiro de 2 mm. Foram preparadas diluições em série das amostras de solo e colocadas em três meios de cultura diferentes, *nomeadamente* placas de ágar batata dextrose (PDA), ágar rosa de Bengala (RBA) e ágar Czapek-Dox (CDA) (Anexo 1). Foram adicionados 30 μg de cloranfenicol em todas as placas. As placas foram incubadas a 28 ± 2°C e observadas diariamente quanto ao crescimento fúngico. Os isolados fúngicos assim obtidos foram transferidos para placas de PDA de modo a obter culturas puras de isolados. As culturas puras foram mantidas em placas de PDA e armazenadas a 4 °C.

3.3.2 Rastreio de fungos quanto à atividade lignocelulolítica

Todos os isolados fúngicos foram testados quanto a actividades celulolíticas e lignolíticas em placas contendo ágar Carboximetilcelulose (CMC) e ágar Ácido Tânico (AT), respetivamente.

3.3.2.1 Atividade celulolítica em placas de ágar CMC

A presença de celulases foi testada numa placa de ágar CMC (Anexo 1). Um disco de 5 mm foi cortado dos bordos das hifas de culturas fúngicas com 5 dias de idade em placas de PDA e colocado no centro das placas de ágar CMC e incubado a 32°C durante 5-7 dias. Após a incubação, as placas foram inundadas com solução de iodo de Gram (2,0 g de KI e 1,0 g de iodo em 300 ml de água destilada) durante 3 a 5 minutos (Kasana *et al.*, 2008). A solução de iodo de Gram foi então vertida e a mancha restante foi removida com água destilada. A degradação da celulose foi visualizada como uma zona clara de hidrólise à volta da colónia de fungos. O diâmetro da zona clara e da colónia foi medido. Os isolados foram selecionados com base no índice de atividade enzimática relativa (I_{CMC}). O I_{CMC} foi calculado segundo o método de Bradner *et al.* (1999) e Peciulyte (2007).

I_{CMC} = diâmetros da zona clara em torno da colónia/diâmetro da colónia

3.3.2.2 Atividade lignolítica em placas de ágar ácido tânico (TA)

A atividade lignolítica dos isolados foi determinada com base na produção de polifenol oxidase. Para a deteção da polifenol oxidase, foi utilizado o meio proposto por Cruz-Herna'ndez *et al.* (2005) com algumas modificações (Anexo 1). Um disco de inóculo fúngico de 5 mm foi cortado das extremidades das hifas de uma cultura fúngica com 5 dias de idade em placas de PDA e colocado no centro das placas de ágar TA e incubado a 32°C durante 5 dias. A formação de um pigmento castanho escuro à volta da colónia fúngica em torno do ponto de inoculação foi utilizada como indicador da atividade da polifenol oxidase (PPO) em meio de ácido tânico. Esta zona castanha foi medida; quanto maior a zona, maior a atividade lignolítica do isolado.

3.3.3 Seleção de isolados de fungos

Os isolados fúngicos que apresentaram maior I_{CMC} e diâmetro da zona castanha escura em placas de ágar TA foram selecionados após a sua análise comparativa.

3.4 Produção de enzimas lignocelulolíticas por isolados selecionados

Os isolados selecionados foram analisados quanto à produção de enzimas lignocelulolíticas em fermentação submersa.

3.4.1 Produção de enzimas em fermentação submersa

Preparou-se um meio de Mandel e Weber modificado (MMW) (Anexo 1) suplementado com 10 g de mistura de palha de arroz e de trigo em pó (4:1) e adicionou-se uma quantidade de 100 ml a frascos Erlenmeyer de 250 ml para fermentação submersa. Cada frasco foi inoculado com cinco discos de 5 mm de inóculo fúngico acabado de crescer com cinco dias de idade. Um frasco de meio MMW não inoculado foi mantido como controlo. Todos os frascos foram incubados a 30°C em condições submersas e estáticas. Após 10 dias de incubação, o conteúdo de cada frasco foi filtrado com papel de filtro Whatman n.º 1 e os filtrados foram centrifugados a 1000 rpm durante 10 minutos a 4 °C. Os sobrenadantes foram utilizados como preparações enzimáticas brutas para todas as enzimas testadas. Todas as experiências foram efectuadas em triplicado durante o estudo. Os isolados com as actividades enzimáticas mais elevadas foram utilizados para a fermentação em estado sólido.

3.4.2 Produção de enzimas em fermentação em estado sólido

A fermentação em estado sólido para a produção de enzimas lignocelulolíticas foi efectuada em palha mista picada de arroz e trigo (4:1). A palha mista (5,0 g) em cada um dos frascos Erlenmeyer de 250 ml foi humedecida com 15 ml de meio mineral de Reese (Reese e Mandel 1964) e inoculada com cinco discos (5 mm) de uma cultura recém-criada com cinco dias de idade. Após incubação durante 7 d a 30° C, foram adicionados aos frascos 100 ml de tampão citrato (0,05 M, pH 4,8) e mantidos sob agitação (120 rpm) durante 1 h. A lama foi filtrada através de um pano de musselina, seguida de filtração através de papel de filtro Whatman n.º 1 e, em seguida, o filtrado final foi centrifugado a 9000 rpm durante 10 min a 4 °C. O sobrenadante foi utilizado para o ensaio de várias actividades enzimáticas lignocelulolíticas. Os isolados que apresentaram níveis mais elevados destas enzimas foram finalmente selecionados e mantidos em placas de PDA a 4 °C num frigorífico para estudos de identificação adicionais.

3.5 Ensaio de enzimas

A produção de CMCase, celobiase, FPase e xilanase foi medida, respetivamente, com CMC, celobiose, papel de filtro Whatman n.º 1 e xilano de madeira de faia como substratos, pelos métodos de Ghose (1987) e Ghose e Bisaria (1987) com ligeiras modificações. Os açúcares redutores produzidos devido a acções enzimáticas foram determinados pelo método do ácido 3,5-dinitrosalicílico (DNS) (Miller, 1959). Uma unidade internacional (UI) de enzima foi definida como a quantidade de enzima necessária para libertar 1 µmol de açúcares redutores por minuto nas condições do ensaio. A lacase foi determinada pelo método de Sandhu e Arora (1985). A atividade foi expressa em unidades colorimétricas (CU).

3.5.1 Construção de curvas-padrão

Foram traçadas curvas-padrão para a estimativa da glucose e da xilose produzidas como produtos finais por diferentes actividades enzimáticas.

3.5.1.1 Curva padrão de glucose

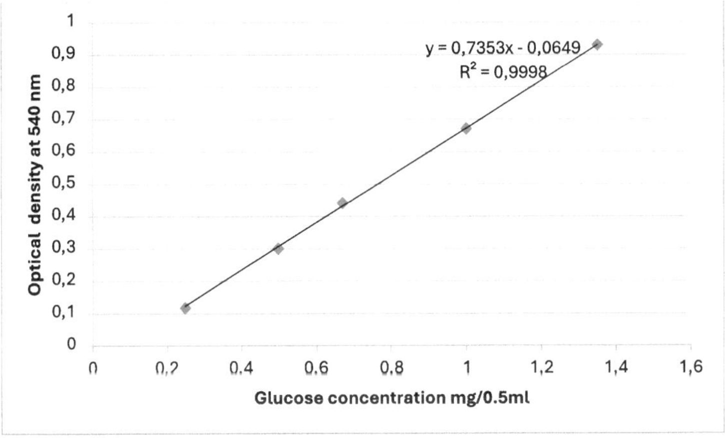

Fig. 3.1 Curva padrão de glucose para CMCase

Foram preparadas diferentes concentrações de glucose a partir de uma solução-mãe de glucose a 2 mg/ml em tampão citrato 0,1 M de pH 4,8 (Anexo 1). Transferiram-se 0,5 ml de cada uma destas concentrações para um tubo com 0,5 ml de solução de substrato (CMC a 1% preparada em tampão citrato) e adicionaram-se 3 ml de reagente DNS. Os tubos foram fervidos durante exatamente 5,0 mm num banho de água em ebulição vigorosa e, após arrefecimento num banho de água fria, foram adicionados 20 ml de água destilada a cada tubo. A DO foi observada a 540nm.

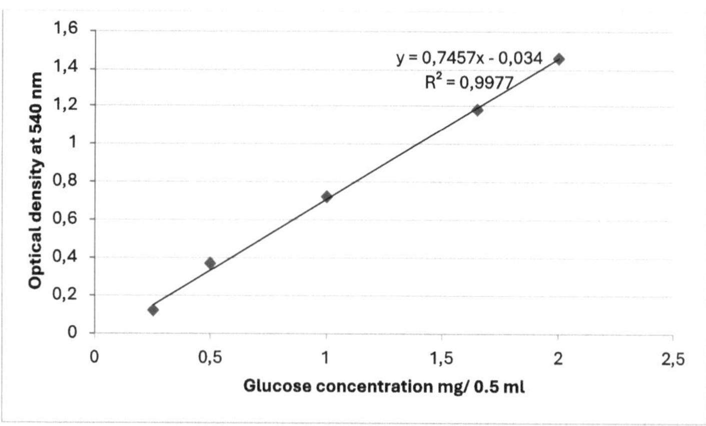

Fig. 3.2 Curva padrão de glucose para FPase

Foram preparadas diferentes concentrações de glucose a partir de uma solução-mãe de glucose a 10 mg/ml em tampão citrato 0,1 M com um pH de 4,8 (Anexo 1). Foram transferidos 0,5 ml de cada uma destas concentrações para um tubo e, em seguida, adicionados 1 ml de tampão citrato e 3 ml de reagente DNS. Os tubos foram fervidos durante exatamente 5,0 mm num banho de água em ebulição vigorosa e, após arrefecimento num banho de água fria, foram adicionados 20 ml de água destilada a cada tubo. A DO foi observada a 540nm.

3.5.1.2 Curva padrão de xilose

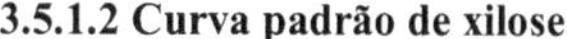

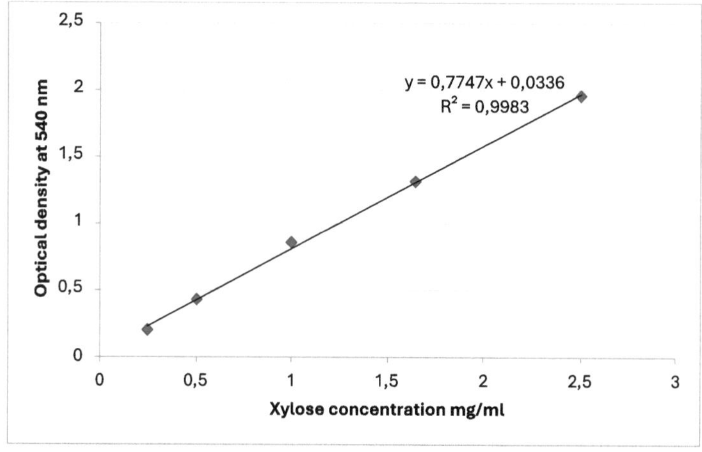

Fig. 3.3 Curva padrão de xilose para xilanase

Foram preparadas diferentes concentrações de xilose a partir de uma solução-mãe de xilose a 10 mg/ml em tampão citrato 0,1 M de pH 4,8 (Anexo 1). Transferiu-se 0,5 ml de cada uma destas concentrações para um tubo e, em seguida, adicionou-se 1 ml de tampão citrato e 3 ml de reagente DNS. Os tubos foram fervidos durante 5 minutos num banho de água a ferver e depois arrefecidos num banho de água fria. A DO foi observada a 540nm.

3.5.2 Ensaio da carboximetilcelulose (CMCase)

É também conhecida como endo-b-1,4-glucanase (EC 3.2.1.4). O ensaio da CMCase foi efectuado segundo o método de Ghose (1987).

3.5.2.1 Reagentes para o ensaio

(a) Tampão citrato 0,1 M (pH 4,8)

    i. Ácido cítrico 0,1 M

    ii. Citrato tri-sódico 0,1 M

23 ml de A e 27 ml de B e o volume completado para 100 ml com água destilada.

(b) Solução de carboximetilcelulose (CMC)

Um grama de CMC foi dissolvido em 90 ml de tampão citrato 0,1 M de pH 4,8 e o volume foi completado para 100 ml.

(c) DNS Reagent-

    i. Solução DNS

Ácido 3, 5-Dinitrosalicílico	: 10.6 g
Hidróxido de sódio	: 19.8 g
Água destilada	: 1416 ml

    ii. Sal de Rochelle (tartarato de Na-K)   : 306.0 g

    iii. Fenol   7,6 ml

    iv. Na_2SO_3 : 8.3 g

A solução de DNS foi preparada dissolvendo DNS e hidróxido de sódio em água. A esta solução foram dissolvidos os sais b, c e d. Este reagente de DNS foi armazenado em frascos escuros num local fresco e escuro.

3.5.2.2 Método de ensaio para CMCase

Os tubos de ensaio de 50 ml contendo uma mistura de 0,5 ml de solução de CMC e 0,5 ml de extrato enzimático adequadamente diluído foram incubados a 50°C durante 30 minutos em banho maria. Os controlos desprovidos de extrato enzimático também foram realizados simultaneamente. Foram adicionados 3 ml de DNS a cada tubo e mantidos num banho de água a ferver durante 5 minutos. Após a ebulição, os tubos foram transferidos imediatamente para um banho de água fria. Foram adicionados 20 ml de água destilada e misturados completamente invertendo o tubo várias vezes. Adicionou-se à mistura de reação o reagente DNS e ferveu-se durante 5 minutos; a cor desenvolvida foi lida a 540 nm num espetrofotómetro. A atividade enzimática correspondente foi calculada a partir da curva padrão da glucose (Fig. 3.5a).

3.5.2.3 Cálculos para a atividade CMCase

CMCase = mg de glucose libertada x 0,37

Derivação

1 .0 mg glucose = 1 .0/0.18 x 0.5 x 30 µmol min⁻¹ ml⁻¹ clivagem do substrato = 0.37 unidades ml⁻¹

3.5.3 Ensaio da Cellobiase

A celobiase (EC 3.2.1.21) divide as unidades de dissacarídeos e converte a celobiose em glucose. É também conhecida como β-glucosidase. O ensaio da celobiase foi efectuado segundo o método de Ghose (1987).

3.5.3.1 Reagentes
   a) **Tampão de citrato 0,1 M (pH 4,8)**
   b) **Solução de celobiose -** 15,0 mM de celobiose em tampão citrato 0,1 M de pH 4,8. Foi preparada uma solução fresca de celobiose.
   c) **GOD kit- Kit** de reação da glucose oxidase disponível no mercado

3.5.3.2 Ensaio

Os pequenos tubos de ensaio contendo 1 ml de extrato enzimático devidamente diluído com tampão citrato e 1 ml de solução de celobiose foram incubados a 50°C durante 30 minutos em banho-maria. O ensaio em branco da celobiase e o ensaio em branco da enzima também foram efectuados simultaneamente. A reação foi terminada por imersão dos tubos em água a ferver durante exatamente 5 minutos. Em seguida, os tubos foram transferidos para um banho de água fria e a glucose produzida na reação foi determinada pelo método GOD-POD, utilizando um kit de glucose disponível no mercado. O extrato enzimático e o reagente para a glucose foram incubados a 37 °C durante 15 minutos e, em seguida, lidos contra um branco de água a 505 nm, como indicado no quadro 3.2. De acordo com este método, a glucose é oxidada pela glucose oxidase (GOD) em ácido glucónico e peróxido de hidrogénio. O peróxido de hidrogénio formado nesta reação liga-se oxidativamente à 4-aminoantipirina e ao fenol na presença da peroxidase (POD) para produzir o corante re-quinonimina. Este corante tem absorção máxima a 505 nm. A intensidade do complexo de cor é diretamente proporcional à concentração de glucose na amostra. O esquema de reação é o seguinte

β-D-Glucose + O_2 + H_2 O = Ácido glucónico + $H O_{22}$

$H O_{22}$ + 4 - aminoantipirina + fenol = Corante vermelho + $H O_2$

Quadro 3.3 Método GOD-POD

	Em branco	Padrão	Teste
Reagente de glucose	1000µl	1000µl	1000µl
Água destilada	10µl	-	-
Padrão de glicose	-	10µl	-
Amostra	-	-	10µl

3.5.3.3 Cálculos

Glicose total em mg/dl= Absorvância do teste/Absorvância do padrão x 100

CB Unidade/ml= mg glucose libertada x 0,0926

0,0926 é a quantidade estimada de enzima que liberta 1,0 mg de glucose na reação de CB

1,0 mg de glucose = 0,5/0,18 x 1,0 x 30 μmol min^{-1} ml^{-1} clivagem do substrato = 0,0926 unidades ml^{-1}

3.5.4 Ensaio da FPase

É também conhecida como papel de filtro. O ensaio da FPase foi efectuado segundo o método de Ghose (1987).

3.5.4.1 Reagentes

a) Tampão citrato 0,1 M (pH 4,8)
b) Solução DNS
c) Tiras de papel de filtro (Whatman No.1, 1X 6 cm)

3.5.4.2 Ensaio

O tubo de ensaio de 50 ml contendo 0,5 ml de extrato enzimático e 1 ml de tampão citrato e uma tira de papel de filtro foram incubados a 50°C durante 1 h em banho-maria. Os controlos sem tira de papel de filtro foram efectuados simultaneamente. Os açúcares redutores produzidos durante a reação foram estimados pelo método DNS. Após a incubação, foram adicionados 3 ml de reagente DNS à mistura de reação nos tubos e os conteúdos foram fervidos em banho-maria durante 5 minutos. Após a ebulição, os tubos foram transferidos para um banho de água fria. A cada um dos tubos, foram adicionados 20 ml de água destilada e misturados por inversão dos tubos. Após a decantação da polpa de papel de filtro, a absorção da cor desenvolvida foi lida a 540 nm num espetrofotómetro. As unidades enzimáticas de papel de filtro (FPU) correspondentes foram calculadas a partir da curva padrão da glucose (Fig. 3.5b).

3.5.4.3 Cálculos

FPU= mg de glucose libertada x 0,185

Derivação

1,0 mg de glucose = 1,0/0,18 x 0,5 x 60 μmol min^{-1} ml^{-1} clivagem do substrato = 0,185 unidades ml^{-1}

3.5.5 Ensaio da xilanase

O método de Ghose e Bisaria (1987), com algumas modificações, foi utilizado para o ensaio da endo- β -1,4-xilanase (EC 3.2.1.8).

3.5.5.1 Reagentes

a) Tampão citrato 0,1 M (pH 4,8)
b) Solução DNS
c) Solução de xilano - 1% de xilano em tampão citrato

3.5.5.2 Ensaio

Os tubos de ensaio contendo cada um 0,5 ml de filtrado enzimático e 0,5 ml de solução de xilano a 1% foram incubados a 50°C durante 20 minutos. O controlo das enzimas inactivadas foi efectuado simultaneamente com as amostras. A reação foi interrompida pela adição de 3,0 ml de reagente DNS e o conteúdo dos tubos foi fervido em banho-maria durante 5 minutos. Após a fervura, os tubos foram transferidos para um banho de água fria. A absorção da cor desenvolvida na reação foi lida a 540 nm. Os açúcares redutores foram medidos como equivalentes de xilose pelo método DNS. A atividade enzimática correspondente foi calculada a partir da curva padrão da xilose (Fig. 3.5c).

3.5.5.3 Cálculos

Xilanase= mg xilose libertada x 0,667

Derivação

$0,667 = 1,0/150 \times 0,5 \times 20$ µmol min^{-1} ml^{-1}

$1/150 =$ conversão de µg de xilose para µmoles

3.5.6 Ensaio da lacase

A lacase ou p-difenol oxidase mede a atividade lignolítica de um microrganismo.

3.5.6.1 Reagentes

a) Tampão de acetato de sódio 10 mM (pH 5)
b) 2mM guaiacol em tampão de acetato de sódio

3.5.6.2 Ensaio

A atividade da lacase (EC 1.10.3.2) foi medida conforme descrito por Arora e Gill (2005) com ligeiras modificações. Cinco mililitros de mistura de reação contendo 3 ml de tampão de acetato de sódio 10 mM, 1 ml de guaiacol 2 mM e 1 ml de extrato enzimático diluído foram misturados e incubados a 25 °C durante 15 minutos e a absorvância foi lida a 450 nm. O branco não contém guaiacol. A atividade enzimática relativa é expressa em unidades colorimétricas/ml (CU/ml).

3.5.6.3 Cálculo

Lacase (CU/ml) = Δ**A** x D/V

ΔA = absorvância da solução de reação a 450 nm, lida em relação ao branco de reação

D= fator de diluição

V= volume do extrato sobrenadante/enzimático

3.6 Perda de massa seca

Após a extração de enzimas de experiências de fermentação em estado sólido, os resíduos dos frascos foram secos durante 24 h a 105 °C e pesados. Os ensaios foram efectuados em triplicado. A degradação da palha foi expressa como a perda de massa seca (%) e calculada como a diferença entre a massa seca dos substratos com e sem inoculação (Saparrat *et al.*, 2008).

Perda de massa seca (%) = peso do controlo - peso da amostra/peso do controlo x100

O controlo foi o substrato sem inoculação mas incubado da mesma forma que o inoculado.

A amostra foi inoculada em substrato com o fungo e incubada durante 10 dias

3.7 Análise bioquímica dos componentes da parede celular

Foram seguidos os métodos recomendados pela AOAC (1995) para a estimativa dos componentes da parede celular dos resíduos. Os procedimentos são apresentados nas secções seguintes. Os resíduos, juntamente com o controlo, foram submetidos a análises bioquímicas. Para tal, as amostras de resíduos secos em estufa foram trituradas numa máquina de moer até atingirem uma malha de 40 mesh e analisadas quanto às várias fracções da parede celular. As diferentes fracções fibrosas da parede celular, como a celulose, a hemicelulose e a lenhina na palha, foram estimadas segundo o método de Goering e Van Soest (1970), modificado por Van Soest *et al.* (1991).

3.7.1 Hemicelulose

Para estimar a hemicelulose, determinaram-se primeiro os valores das fibras em detergente neutro e ácido das amostras de palha e calculou-se o primeiro a partir da diferença dos valores das duas fibras.

Hemicelulose = NDF - ADF

3.7.1.1 Fibra de detergente neutro (FDN)

O processo para a sua determinação envolve um detergente neutro que dissolve as pectinas, as proteínas, os açúcares e os lípidos das plantas, deixando assim as partes fibrosas como a celulose, a lenhina e a hemicelulose.

3.7.1.1.1 Sais e soluções

a. Solução de detergente neutro

Água destilada - 1 litro

Laurilsulfato de sódio -30 g

Di etileno di amino tetra acetato de sódio (EDTA) desidratado -18,61g

Borato de sódio decahidratado -6,81g

Hidrogeno-ortofosfato de sódio -4,5 g

2-Etoxi etanol - 10 ml

Colocam-se o EDTA e o borato de sódio deca-hidratado num copo grande com um pouco de água destilada. Os dois componentes foram dissolvidos em água por agitação e aquecimento. O lauril sulfato de sódio e o 2-etoxietonal foram adicionados a esta solução e misturados. Por sua vez, o hidrogeno-ortofosfato de sódio foi misturado com um pouco de água destilada por aquecimento num copo separado. Em seguida, misturaram-se bem as duas soluções e o volume foi aumentado para 1 litro.

b. Decaidronafteleno

c. Acetona

3.7.1.1.2 Procedimento

Colocaram-se amostras de um grama secas ao ar (moídas até passarem por um crivo de 20-30 mesh) em copos de 500 ml com bico. Deitaram-se nestes copos cerca de 100 ml de solução de detergente neutro e 2 ml de deca-hidronefeleno. Os copos foram colocados num aparelho de soxhlet e as amostras foram submetidas a refluxo durante 60 minutos, a partir do início da ebulição. A solução foi filtrada num cadinho previamente pesado e as amostras foram lavadas repetidamente com água quente seguida de acetona. Os cadinhos foram então secos em estufa de ar quente a 100 ±5 ºC durante uma noite e pesados.

3.7.1.1.3 Cálculo do FDN

A FDN foi calculada do seguinte modo

$$NDF\,(\%) = \frac{(Weight\ of\ crucible + weight\ of\ residue) - (weight\ of\ crucible)}{Weight\ of\ sample\ taken} \times 100$$

3.7.1.2 Fibra detergente ácida (ADF)

Este componente fibroso representa a parte de fibra menos digerível da palha. Esta parte altamente indigesta inclui lenhina, celulose, sílica e formas insolúveis de azoto, mas não hemicelulose. As forragens com maior ADF têm menor energia digestível do que as forragens com menor ADF. Isto significa que, à medida que o nível de ADF aumenta, o nível de energia digestível diminui.

3.7.1.2.1 Sais e soluções

a. Solução de detergente ácido - Foi preparada dissolvendo 20 g de brometo de cetil trimetil amónio (CTAB) em 1N $H_2 SO_4$ e o volume foi completado para 1 litro.

b. Decalina

c. Acetona

3.7.1.2.2 Procedimento

Colocou-se um grama de amostra de resíduo alimentado num copo de 500 ml com bico. Adicionaram-se 100 ml de solução de detergente ácido e 2 ml de decalina e refluxou-se durante uma hora. O resíduo refluxado foi transferido para um cadinho de vidro sinterizado previamente tarado e lavado com água destilada quente até à eliminação da solução detergente. As duas ou três últimas lavagens foram efectuadas com acetona. O cadinho contendo ADF foi seco a 100± 5º c durante uma noite e pesado.

3.7.1.2.3 Cálculo do ADF

A ADF foi então calculada da seguinte forma.

$$ADF\,(\%) = \frac{(Weight\ of\ crucible + weight\ of\ residue) - (weight\ of\ crucible)}{Weight\ of\ sample\ taken} \times 100$$

3.7.2 Lenhina em detergente ácido (ADL)

Foi estimado segundo o método descrito por Goering e Van Soest (1970) e é aplicável a todos os tipos de forragens e palhas.

3.7.2.1 Reagente
72% Ácido sulfúrico (m/v)

3.7.2.2 Procedimento
Para a estimativa da ADL, as amostras deixadas após a estimativa da ADF foram suspensas em ácido sulfúrico a 72% no cadinho de vidro sinterizado, com agitação contínua com a ajuda de uma vareta de vidro para evitar a formação de grumos. Os cadinhos foram enchidos com ácido e mantidos à temperatura ambiente. Após 3 horas de reação, o excesso de ácido foi filtrado por sucção. O resíduo foi lavado com água quente até ficar isento de ácido. O cadinho foi seco a $100\pm5°C$ durante a noite e pesado. O resíduo remanescente foi inflamado a $500°C$ durante 3 horas, mantido durante a noite a $100\pm5°C$ e novamente pesado a quente. A perda de peso representa o teor de lenhina em detergente ácido da amostra original.

3.7.2.3 Cálculo da ADL
O ADL da amostra de palha foi calculado pela seguinte fórmula

$$\% \text{ ADL} = \frac{(\text{Initial weight of crucible}) - (\text{weight of crucible after ignition})}{\text{Weight of sample}} \times 100$$

3.7.3 Celulose
A celulose derivada de plantas é normalmente encontrada com hemicelulose, lignina, pectina e outras substâncias.

3.7.3.1 Procedimento
O procedimento de estimativa da celulose foi idêntico ao mencionado no ponto 3.7.2.2. As amostras deixadas após a estimativa da ADF foram suspensas em ácido sulfúrico a 72% no cadinho de vidro sinterizado, com agitação contínua com a ajuda de uma vareta de vidro para evitar a formação de grumos. Os cadinhos foram enchidos com ácido e mantidos à temperatura ambiente. Após 3 horas de reação, o excesso de ácido foi filtrado por sucção. O resíduo foi lavado com água quente até ficar isento de ácido. O cadinho foi seco a $100\pm5°C$ durante a noite e pesado.

3.7.3.2 Cálculo da celulose

$$\text{Cellulose\%} = \frac{(\text{Wt. of lignin crucible} - \text{weight of after drying})}{\text{Weight of sample taken for ADF estimation}} \times 100$$

3.7.2 Determinação do carbono e do azoto
O C e o N foram determinados pelo analisador CHNS (Element Vario III) disponível no laboratório central do CSSRI, Karnal. O rácio de C e N foi calculado em conformidade.

3.8 Microscópio eletrónico de varrimento (SEM)

A morfologia da superfície do resíduo não tratado e tratado (etapa 3.6) foi estudada utilizando o microscópio eletrónico de varrimento Hitachi S-3400 N, utilizando o modo de imagem SE com uma tensão de aceleração de 3-15 kV. As amostras foram secas num secador de ponto crítico (EMS-850, Japão), revestidas por pulverização catódica com ouro-paládio e observadas com diferentes ampliações.

3.9 Experiência em vaso

Foi realizada uma experiência em vasos para testar a patogenicidade dos isolados na cultura do trigo. Foram utilizados vasos de 30 cm de diâmetro e 45 cm de altura para semear a cultura do trigo na primeira semana (época óptima de sementeira) de novembro de 2015. Os solos foram retirados do campo dos diferentes cenários. O pacote de práticas recomendadas para o trigo foi seguido durante todo o ciclo de vida. Num vaso, foram plantadas cerca de 10 plantas. Foram efectuados doze tratamentos (11 isolados e um controlo) nos vasos e repetidos três vezes em ambiente aberto. Os isolados foram cultivados em caldo de dextrose de batata (PDB) a 30°C durante cinco dias. Após a sementeira do trigo, foram aplicadas culturas com cinco dias de idade em caldo nos diferentes vasos, de acordo com os tratamentos. A segunda dose de culturas foi aplicada na altura da primeira irrigação (21 dias após a sementeira (DAS); dias após a sementeira) e a terceira dose foi aplicada na terceira irrigação, ou seja, 45 DAS.

3.10 Estudo de interação dos isolados

O estudo de interação dos isolados selecionados foi realizado em PDA. Foram cortados discos de micélio de 5 mm de uma cultura com 5 dias de idade. Numa placa, um disco de cada um dos dois isolados foi colocado a 40 mm de distância um do outro. As placas co-inoculadas foram incubadas a 30° C durante 5-7 dias. As interações foram registadas de acordo com as observações feitas por Molla *et al.* (2001).

3.11 Identificação de isolados fúngicos

Todos os isolados fúngicos selecionados foram examinados ao microscópio e a morfologia das suas colónias foi estudada em PDA. Os estudos moleculares destes isolados foram efectuados através da sequenciação da sua região ITS.

3.11.1 Identificação morfológica

As placas de ágar dextrose de batata (PDA) foram inoculadas com isolados fúngicos selecionados (do passo n° 3.4) e incubadas a 30° C. As caraterísticas da colónia, tais como a cor e o tamanho da colónia, foram monitorizadas e registadas durante o crescimento. Também foram estudadas outras caraterísticas das colónias, como a superfície, a margem e a pigmentação, o anverso e o reverso. Após cinco dias de crescimento, uma pequena quantidade de tapete micelial foi retirada com uma agulha esterilizada, colocada numa lâmina de vidro limpa e cortada. A amostra fúngica foi então corada com azul de algodão de lactofenol, coberta com uma lamela e montada com verniz para unhas. Esta lâmina montada foi observada com objectivas de 10x e 40x de um microscópio composto e foram estudadas as caraterísticas morfológicas, como a septação e a ramificação das hifas, as estruturas reprodutivas, a esporulação e a disposição dos esporos, etc. Os isolados de fungos foram identificados com base nestas caraterísticas, utilizando manuais normalizados (Domsch *et al.*, 1980; Ellis e Ellis 1997; Gilman, 2001) e também com base na análise molecular.

3.11.2 Identificação molecular

A identificação molecular foi efectuada através da análise da sequência de ADN dos isolados finalmente selecionados (das etapas 3.4 a 3.7). O caldo de dextrose de batata foi inoculado com cinco discos (5 mm) de um isolado fúngico recentemente cultivado e incubado a 30° C durante 5 dias em condições estacionárias. O micélio foi colhido com uma agulha e lavado com água esterilizada para remover o caldo. O micélio lavado foi triturado com um pilão e um almofariz em azoto líquido. O ADN foi extraído deste micélio triturado utilizando um método CTAB modificado, adotado de Hamelin *et al.* (1996). A 100 mg de micélio triturado foram adicionados 15 ml de tampão de extração (anexo I). A mistura foi incubada a 65 °C durante 1 h e extraída por adição de 10 ml de solução constituída por fenol: clorofórmio: álcool isoamílico na proporção de 25:24:1. O extrato resultante foi agitado suavemente e centrifugado a 15 000 rpm durante 10 minutos. O sobrenadante foi transferido para um novo tubo e precipitado com isopropanol frio, incubando a -20 °C durante 1 h e centrifugando novamente durante 15 min a 15 000 rpm. O sedimento foi lavado com etanol a 70%, seco ao ar e ressuspendido em 50 µl de tampão TE (Anexo I). A pureza e a concentração dos ADN extraídos foram medidas utilizando um espetrofotómetro Nanodrop. A concentração de ADN era de cerca de 100 a 150 ng/ml, armazenada num frigorífico a 4°C, e utilizada como reserva principal para preparar o modelo de ADN. O ADN foi utilizado na reação em cadeia da polimerase (PCR) para amplificar a região ITS utilizando os iniciadores ITS 1 e ITS 4 descritos por Gardes e Bruns (1993). O amplicon de 400 - 900 pb foi eluído em gel e o produto foi sequenciado pelo método de sequenciação de ADN de Sanger (Sanger *et al.*, 1977) pela Bioserve Biotechnologies Pvt. Ltd, Hyderabad. Os resultados da sequenciação foram reunidos e comparados com a base de dados NCBI.

3.12 Metagenómica

A metagenómica aplica um conjunto de tecnologias genómicas e ferramentas bioinformáticas para aceder diretamente ao conteúdo genético de comunidades inteiras de organismos numa determinada amostra. O estudo da diversidade por metagenómica envolve várias etapas apresentadas sob a forma de fluxograma na Fig. 1, que são descritas do seguinte modo

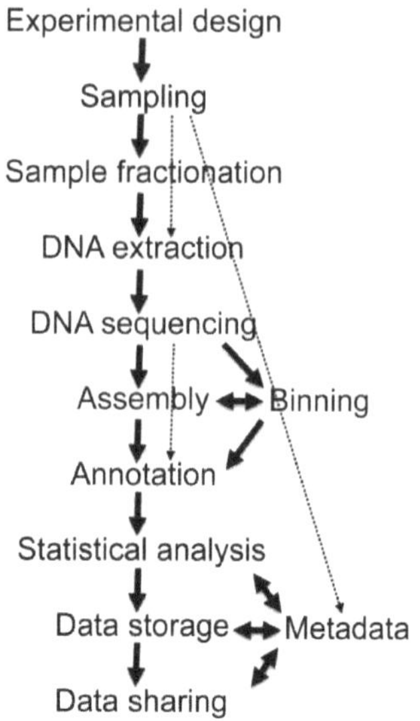

Fig. 3.4 Etapas dos estudos metagenómicos

3.12.1 Amostragem do solo

As amostras de solo descritas anteriormente (na etapa 3.1) foram utilizadas para o estudo metagenómico. O ADN foi extraído de um grama deste solo.

3.12.2 Extração de ADN

O ADN genómico das amostras de solo foi extraído utilizando o PowerSoil®, o kit de isolamento do ADN do solo (MoBio Laboratories). Este kit baseia-se num método novo e patenteado de isolamento do ADN genómico de amostras ambientais que utiliza a tecnologia patenteada de remoção de inibidores da MoBio Laboratories® (IRT). A extração de ADN do solo é difícil devido à presença de ácido húmico e à cor castanha do solo, pelo que este kit contém um procedimento de remoção da substância húmica/cor castanha. Este procedimento é eficaz na remoção de inibidores de PCR mesmo dos tipos de solo mais complexos. As amostras de solo (0,25 gm) foram adicionadas a um tubo de batedura de esferas para uma homogeneização rápida e completa. A lise celular é efectuada por métodos mecânicos e químicos. O ADN genómico total foi capturado numa membrana de sílica em formato de coluna de centrifugação. O ADN foi então lavado e eluído da membrana. O ADN foi extraído em quatro réplicas e todas as réplicas foram agrupadas para formar uma amostra de ADN. O ADN foi quantificado e a pureza foi verificada num espetrofotómetro NanoDrop a 260 e 280 nm. O ADN apresentava uma concentração > 300ng/µl e o rácio A260/280 era de aproximadamente 1,8. A pureza e a quantidade de ADN foram também verificadas por eletroforese em géis de agarose a 1%. O ADN foi então utilizado para análise PCR e outras aplicações a jusante.

3.12.3 Sequenciação de nova geração

O ADN extraído foi enviado para a "Pace Microbial Technology (Puducherry)"
para sequenciação pelo "Illumina MiSeq sequencer". O iniciador universal ITS1-F
CTTGGTCATTTAGAGGAAGTAA (Gardes e Bruns, 1993) foi utilizado na PCR
para a amplificação da região ITS. A tecnologia de sequenciação Illumina baseia-se
na sequenciação por síntese (SBS) e na tecnologia de sequenciação de nova geração
(NGS). Esta tecnologia utiliza nucleótidos marcados com fluorescência para
sequenciar o ADN. Durante cada ciclo de sequenciação, um único trifosfato de
desoxinucleótido marcado (dNTP) dos quatro tipos, ou seja, A,T, G, C, é adicionado
à cadeia de ácido nucleico. O nucleótido marcado serve de terminador para a
polimerização, pelo que, após cada incorporação de dNTP, o corante fluorescente é
visualizado para identificar a base e depois clivado enzimaticamente para permitir a
incorporação do nucleótido seguinte. Como todos os 4 dNTPs reversíveis ligados ao
terminador (A, T, G, C) estavam presentes durante cada ciclo de sequenciação, a
competição natural minimiza a incorporação tendenciosa de bases. O resultado final
foi uma verdadeira sequenciação base a base para obter dados exactos.

3.12.4 Análise de dados

Uma vez concluída a sequenciação dos dados, o pipeline de análise de dados
começou a processar os dados. O pipeline de análise de dados consiste em duas fases
principais: a fase de denoising e de deteção de quimeras e a fase de análise da
diversidade microbiana.

3.12.4.1 Denoising e verificação de quimeras

Durante a fase de verificação da qualidade das leituras e de redução de ruído,
a redução de ruído e a verificação de quimeras foram efectuadas para todas as leituras
de cada região de dados. Em seguida, cada uma das restantes leituras foi objeto de um
controlo de qualidade para remover as leituras de má qualidade de cada amostra. O
resultado primário desta fase foi um ficheiro de sequência, qualidade e mapeamento
em formato FASTA, com qualidade verificada e denoisada.

3.12.4.2 Análise da diversidade microbiana

Durante a fase de análise da diversidade, cada amostra foi analisada através do
pipeline de análise para determinar a informação taxonómica de cada leitura
constituinte e, em seguida, esta informação foi recolhida para cada amostra. A fim de
determinar a identidade das sequências restantes, as sequências foram ordenadas de
forma a que o ficheiro formatado FASTA contivesse leituras da mais longa para a mais
curta. Para cada grupo, as sequências semente foram colocadas num ficheiro de
sequências formatado em FASTA. Estas sequências foram depois agrupadas em OTUs
(unidades taxonómicas operacionais: que possuem determinados tipos de sequências)
utilizando o algoritmo UPARSE (Edgar 2013). A sequência centróide de cada
agrupamento foi depois comparada com o classificador RDP numa base de dados de
sequências de alta qualidade derivadas da base de dados UNITE (Koljalg *et al.*, 2013).
O classificador RDP é um classificador Bayesiano ingénuo que pode determinar

rapidamente a informação taxonómica das sequências, ao mesmo tempo que determina automaticamente a confiança que tem em cada nível taxonómico (Wang *et al.*, 2007). Em seguida, os dados entraram no programa de análise da diversidade, que utiliza a tabela de OTU resultante da agregação de sequências, juntamente com os resultados gerados durante a identificação taxonómica, e iniciou o processo de criação de uma nova tabela de OTU com a informação taxonómica associada a cada agregado. Esta tabela OTU actualizada foi então escrita na pasta de análise de resultados com a informação taxonómica aparada e completa para cada cluster. Para cada nível taxonómico (reino, filo, classe, ordem, família, género e espécie), foram gerados quatro ficheiros que continham o número de sequências por correspondência taxonómica completa por amostra, a percentagem por correspondência taxonómica completa por amostra, o número de sequências por correspondência taxonómica aparada por amostra e a percentagem por correspondência taxonómica aparada por amostra.

Através da utilização de ficheiros de diferentes taxa, analisámos a diversidade fúngica a cada nível de taxa. Obtivemos resultados sobre quais os fungos dominantes, em que número e percentagem. Através destes ficheiros, também interpretámos as relações entre os taxa fúngicos de diferentes cenários, analisando os índices de diversidade.

3.12.5 Índices de diversidade

Um índice de diversidade é uma medida quantitativa que reflecte o número de diferentes tipos de espécies presentes num determinado nicho. O índice de diversidade de Shannon (H) é um índice habitualmente utilizado para caraterizar a diversidade de espécies numa comunidade. O índice de Shannon tem sido um índice de diversidade popular na literatura ecológica, onde também é conhecido como índice de diversidade de Shannon, índice de Shannon-Wiener, índice de Shannon-Weaver e entropia de Shannon. A uniformidade indica a distribuição homogénea das espécies

Fórmula:

$H = -SUM [(pi) * ln(pi)]$

$E = H/H_{max}$

Onde, SUM = Soma

pi= Número de indivíduos da espécie i/número total de amostras

S = Número de espécies ou riqueza de espécies

H_{max} = Máxima diversidade possível

E= uniformidade=H/H_{max}

3.13 Análise estatística

Os resultados experimentais são expressos como a média ± erro padrão das três réplicas. Os dados de todas as variáveis foram submetidos a uma análise de variância (ANOVA) utilizando o software SPSS (16.0). A separação das médias foi efectuada utilizando o método da diferença mínima de significância a *P=0,05*.

4. RESULTADOS E DISCUSSÃO

Durante o cultivo de culturas alimentares é gerada uma enorme quantidade de resíduos; as culturas de arroz e de trigo são os principais contribuintes na Índia. A gestão destes volumosos resíduos de culturas constitui um grande desafio. Os agricultores tratam geralmente estes resíduos como lixo e eliminam-nos queimando-os no próprio campo. A queima resulta em enormes perdas de nutrientes e na poluição do ar. Por conseguinte, é necessário explorar algumas estratégias de gestão de resíduos respeitadoras do ambiente, de baixo custo e facilmente adoptáveis, que possam também repor os nutrientes do solo. Esta gestão ecológica pode ser efectuada através da aplicação de microrganismos capazes de degradar a biomassa dos resíduos. O presente estudo foi realizado para isolar fungos indígenas de campos baseados na agricultura de conservação (CA) e estudá-los quanto à capacidade de degradação de resíduos de culturas lignocelulósicas através da produção de enzimas.

4.1 Contagem microbiana das amostras de solo

A contagem de fungos, bactérias e actinomicetos foi efectuada em amostras de solo obtidas em campos de cultivo de cana-de-açúcar. A contagem microbiana foi mais elevada à superfície (0-15 cm) do que a uma profundidade inferior (15-30 cm) nas parcelas. Estes resultados, apresentados no Quadro 4.1, indicam que as densidades microbianas cultiváveis foram geralmente mais elevadas à superfície do que a uma profundidade inferior em todos os tratamentos. Nos 0-15 cm de profundidade do solo, as contagens de fungos, bactérias e actinomicetes foram mais elevadas no cenário seguido dos cenários II, III e I. Para os 15-30 cm de profundidade do solo, esta tendência não foi exatamente seguida, mas todas as contagens microbianas foram mais elevadas no cenário IV. As contagens de bactérias e actinomicetos variaram muito com as profundidades; em todos os tratamentos, as contagens à superfície do solo foram mais do dobro das contagens a profundidades inferiores.

Os resultados indicaram que as diferenças nos vários tratamentos (lavoura, rotação de culturas) têm um efeito significativo nas contagens de fungos e bactérias das profundidades superiores.

Quadro 4.1 Contagem microbiana do solo de cenários baseados em AC

	Fungos		Bactérias totais		Actinomicetos	
	c.f.u $\times 10$ g$^{3-1}$ solo		c.f.u $\times 10$ g$^{5-1}$ solo		c.f.u $\times 10$ g$^{5-1}$ solo	
	Camada do solo (cm)					
Cenários	0-15	15-30	0-15	15-30	0-15	15-30
1	6.1^c	4.3^{ab}	11.4^c	5.5^a	4.4^b	2.1^b
2	7.4^b	7.0^a	14.9^b	6.3^a	7.3^a	1.7^b
3	6.2^c	2.6^b	12.3^c	5.8^a	7.2^a	2.9^a
4	11.7^a	5.5^a	16.9^a	6.9^a	8.4^a	2.6^a

As letras minúsculas dentro da mesma coluna mostram diferenças significativas a P= 0,05, de acordo com o teste de Duncan para separação de médias

4.2 Isolamento de fungos

As amostras de solo de quatro cenários diferentes de agricultura de conservação foram diluídas em série e colocadas em placas nos meios Potato Dextrose Agar (PDA), Czapek-Dox Agar (CDA) e Rose Bengal Agar (RBA) e incubadas durante 5-7 dias. As placas foram observadas diariamente quanto ao crescimento fúngico. O PDA e o CDA são meios de crescimento gerais para os fungos, mas o RBA é um meio seletivo para o isolamento de fungos de amostras de solo, uma vez que contém corante de rosa de bengala que inibe o crescimento bacteriano e restringe o crescimento de bolores de crescimento rápido (Smith e Dawson, 1944). As colónias de fungos isoladas foram encontradas em placas com diluições de 10^{-4} e 10^{-5}. Os isolados fúngicos que apresentavam diferentes morfologias de colónias em cada placa foram mantidos para estudos posteriores.

Foi obtido um total de 72 isolados fúngicos a partir de placas PDA, CDA e RBA. Alguns investigadores utilizaram um único meio de crescimento para o isolamento de fungos do solo, como Swer *et al.* (2011), que utilizaram meios RBA, enquanto Devi *et al.* (2012) isolaram um total de 107 isolados de fungos do solo pertencentes aos filos Ascomycota e Zygomycota em meios PDA. Outros investigadores, como Banakar *et al.* (2012), isolaram fungos em diferentes estações do ano a partir do solo da floresta, utilizando os meios PDA, RBA e CDA.

Estes isolados foram purificados por subcultura em placas de PDA. Vinte deles pertenciam ao cenário I e foram designados por RPW1/1 a RPW1/20, 14 ao cenário II foram designados por RPWM 2/1 a RPWM 2/14, 17 ao cenário III foram designados por RZWM3/1 a RZWM 3/17 e 21 ao cenário IV foram designados por MWM 4/1 a MWM 4/21. As caraterísticas das colónias de todos os isolados foram estudadas em PDA e são apresentadas no quadro 4.2. Estes isolados foram ainda submetidos a um rastreio primário da atividade lignocelulolítica.

Quadro 4.2 Caraterísticas das colónias de isolados fúngicos de cenários baseados em AC

Isolados de fungos	Caraterísticas das colónias
Cenário I	
RPW 1/1	Colónia de algodão branco, esporos verdes claros
RPW 1/2	Crescimento branco cottony, esporos pretos, crescimento de placa completa
RPW 1/3	Colónia cotonosa com textura superficial pulverulenta, esporos amarelos na margem, verde claro no centro
RPW 1/4	Crescimento liso e branco, verde claro no centro, verde escuro nas margens, crescimento radial completo
RPW 1/5	Crescimento compacto amarelo-creme, cor de laranja no verso, colónias de crescimento lento
RPW 1/6	Crescimento cor de areia, marcas radiais na colónia
RPW 1/7	Cor amarela no centro, a maior parte da colónia é verde, menor crescimento radial
RPW 1/8	Verde escuro no centro, amarelo escuro na margem, crescimento menos radial
RPW 1/9	Crescimento branco puro cottony, amarelo esverdeado em poucos, pequenas colónias espalhadas na placa
RPW 1/10	Crescimento branco, esporos verde-escuros, crescimento em placa completa

RPW 1/11	Crescimento branco, esporos pretos, crescimento da placa completa
RPW 1/12	Crescimento branco cotonoso, placa completa
RPW 1/13	Crescimento achatado, cor de areia no centro, o exterior é de cor verde clara
RPW 1/14	Crescimento cotonoso, margens verde-escuras, crescimento em placa completa
RPW 1/15	Crescimento convexo, esporos castanhos escuros, crescimento em placa completa
RPW 1/16	Crescimento branco cotonoso, esporos verdes claros, menor crescimento radial
RPW 1/17	Crescimento cor de areia, marcas de rizóides na colónia
RPW 1/18	Crescimento compacto, muito pouco crescimento radial
RPW 1/19	Cor amarela no centro, a maior parte da colónia é verde, menor crescimento radial
RPW 1/20	Crescimento branco puro e cotonoso com esporos amarelos esverdeados, pequenas colónias dispersas na placa
Cenário II	
RPWM 2/1	Crescimento cotonoso, de cor verde-amarela clara
RPWM 2/2	Crescimento cotonoso, verde com alguma coloração amarela, reverso vermelho escuro
RPWM 2/3	Crescimento cotonoso branco, esporos densos de cor verde escura
RPWM 2/4	Crescimento de cor creme, mais tarde laranja escuro com esporos verdes mais escuros
RPWM 2/5	Crescimento menos cotanilhoso, cor laranja-claro-creme, esporos verde-escuros
RPWM 2/6	Crescimento cotonoso, cor branca, preto-cinzento no sentido inverso, crescimento menos radial
RPWM 2/7	Crescimento compacto e fofo, de cor branca e amarela
RPWM 2/8	Crescimento plano, de cor creme, sem esporos
RPWM 2/9	Crescimento branco cotonoso, esporos verdes claros, menor crescimento radial
RPWM 2/10	Crescimento branco cotonoso, placa completa
RPWM 2/11	Crescimento cotonoso branco, esporos de cor verde escura
RPWM 2/12	Crescimento plano, de cor creme, sem esporos, marcas de rizóides na colónia
RPWM 2/13	Crescimento branco, esporos pretos, crescimento da placa completa
RPWM 2/14	Crescimento cotonoso, margens verde-escuras, crescimento em placa completa
Cenário III	
RZWM 3/1	Crescimento cotonoso, no centro esporos pretos castanhos exteriores, de cor creme com linhas radiais no reverso
RZWM 3/2	Crescimento plano e cotanilhoso, centro castanho escuro, exterior cor de pêssego, reverso castanho com linhas radiais concêntricas
RZWM 3/3	Crescimento branco cottony, cor de pêssego claro no meio, centro castanho-avermelhado no reverso
RZWM 3/4	Crescimento cotonoso plano branco, anéis de cor pêssego, cor castanha alaranjada no reverso
RZWM 3/5	Crescimento plano de cor creme, amarelo alaranjado no reverso
RZWM 3/6	Crescimento preto compacto, preto no reverso, duro e muito pouco crescimento, linhas radiais
RZWM 3/7	Crescimento plano de cor creme, reverso de cor amarelo alaranjado
RZWM 3/8	Crescimento cotonoso de cor branca, reverso de cor creme
RZWM 3/9	Crescimento denso, fofo e felpudo, de cor branca, reverso de cor creme claro
RZWM 3/10	Crescimento fofo de cor creme, crescimento da placa completa
RZWM 3/11	Crescimento plano cotonoso, cor de pêssego, esporos cinzentos
RZWM 3/12	Crescimento branco, esporos pretos, crescimento da placa completa
RZWM 3/13	Crescimento branco cotonoso, esporos verdes claros, menor crescimento radial
RZWM 3/14	Crescimento fofo de cor creme, crescimento da placa completa

RZWM 3/15	Crescimento cor de areia, marcas de rizóides na colónia
RZWM 3/16	Crescimento branco, esporos pretos, crescimento da placa completa
RZWM 3/17	Crescimento de fio branco cottony, crescimento de placa completa, reverso creme amarelo
Cenário IV	
MWM 4/1	Crescimento moderado e fofo, cor branca rosada, margem irregular pêssego escuro invertida,
MWM 4/2	Mais fofo, de cor branca, margem irregular, verso pêssego claro
MWM 4/3	Crescimento plano cotonoso, de cor creme; após a esporulação, a placa completa é de cor verde
MWM 4/4	Crescimento plano cotonoso, de cor creme; após a esporulação, a placa completa é de cor verde
MWM 4/5	Crescimento compacto cinzento-preto, crescimento radial muito reduzido, reverso de cor preta
MWM 4/6	Crescimento totalmente denso, de cor branco-amarelo-creme, esporos verde-amarelos
MWM 4/7	Crescimento branco cottony, reverso de cor creme
MWM 4/8	Crescimento liso e plano, de cor creme
MWM 4/9	Crescimento ligeiramente fofo, cor de pêssego escuro, verso de cor de pêssego claro
MWM 4/10	Crescimento de cottony, crescimento de placa completa de esporos pretos
MWM 4/11	Crescimento branco cottony, cor de pêssego claro no meio
MWM 4/12	Crescimento cotonoso branco, esporos verde-escuros
MWM 4/13	Crescimento cotonoso branco, esporos verde-escuros
MWM 4/14	Crescimento compacto, cor cinzenta, verso preto
MWM 4/15	Crescimento pulverulento, crescimento circular cinzento com margem laranja, reverso de cor creme
MWM 4/16	Crescimento totalmente denso, cor creme branca, esporos verde-amarelos
MWM 4/17	Crescimento liso e plano, de cor creme
MWM 4/18	Crescimento cotonoso de cor branca, reverso de cor creme
MWM 4/19	Crescimento totalmente denso, cor creme branca, esporos verdes claros
MWM 4/20	Crescimento cotonoso de cor branca, reverso de cor creme
MWM 4/21	Crescimento liso e plano, de cor creme

4.3 Rastreio primário por análise qualitativa da atividade lenhinocelulolítica

O rastreio primário de todos os isolados fúngicos foi realizado com base na formação de zonas em placas de ágar ácido tânico (AT) e ágar carboximetilcelulose (CMC), respetivamente, para actividades lignolíticas e celulolíticas.

4.3.1 Atividade lignolítica

Os fungos lignolíticos produzem uma zona castanha escura em placas de AT, o que indica a sua capacidade de produzir polifenol oxidase (PPO), uma enzima lignolítica. Dos 72 isolados, 21 mostraram atividade lignolítica (Quadro 4.3) produzindo uma zona castanha escura (Fig. 4.1) à volta das suas colónias em meio de ácido tânico. A PPO, uma mistura de monofenol oxidase e catecol oxidase, catalisa a reação entre o polifenol e o oxigénio molecular para formar complexos castanho-escuros, que desempenham um papel vital na degradação dos compostos fenólicos na lenhina. No entanto, Okino *et al.* (2000) utilizaram diferentes substratos como o rhemazol azul brilhante R (RBBR) e o guaiacol para a formação de zonas; Goud *et al.* (2011) utilizaram placas de ágar malte guaiacol para rastrear fungos lenhinase positivos na decomposição da madeira pela presença de zonas circulares de cor castanha avermelhada. Este método de rastreio não se aplica apenas a fungos do solo, mas também é utilizado com êxito para isolados de fungos derivados do mar (Mabrouk *et al.*, 2010), da floresta tropical (Okino *et al.*, 2000), da raspagem de cascas e do solo agrícola (Desai *et al.*, 2011).

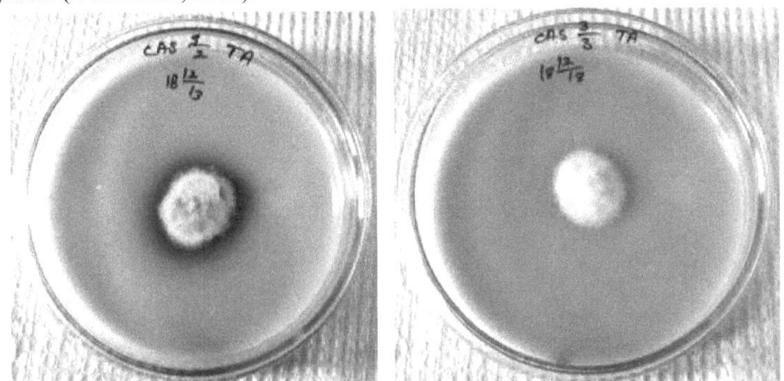

Zona castanha* **escura *à volta da colónia (a) lignolítica +ve (b) lignolítica -ve*

Fig. 4.1 Atividade lignolítica em placas de ágar TA

4.3.2 Atividade celulolítica

O solo contém uma população considerável de fungos produtores de celulase que podem ser isolados em meio seletivo contendo celulose. Os fungos, cultivados em placas de ágar de carboximetilcelulose, utilizam a celulose e apresentam uma zona clara/halo à volta da colónia (Hankin e Anagnostakis, 1977). Esta zona pode ser claramente visualizada tratando estas placas de ágar CMC com corantes apropriados como o vermelho congo (Teather e Wood, 1982; Khokar *et al.*, 2012) ou o iodo de Gram (Kasana *et al.*, 2008; Jung *et al.*, 2015).

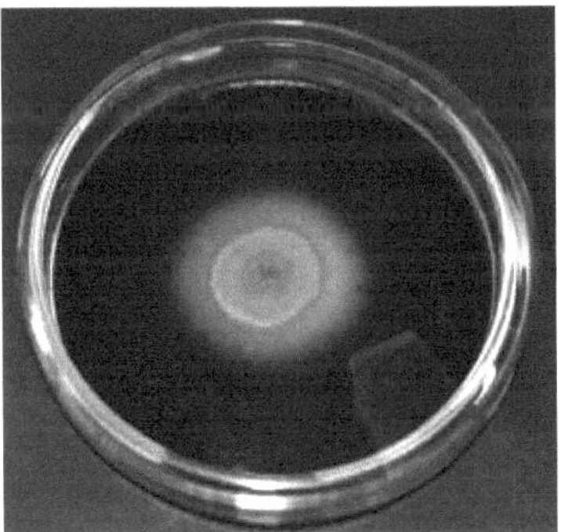
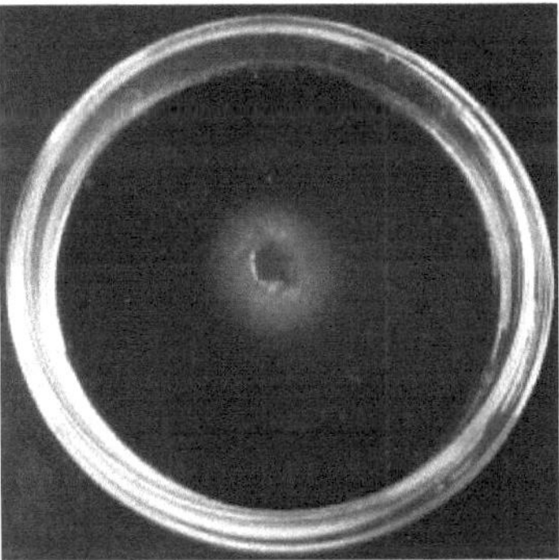

Zona de halo à volta da colónia (a) celulolítica +ve (b) celulolítica -ve

Fig. 4.2 Zona celulolítica em placas de ágar CMC

Nesta experiência, foi utilizado o iodo de Gram para visualizar a zona clara (Fig. 4.2). Os isolados com diâmetros de zona clara diferentes à volta das suas colónias indicaram as suas actividades celulolíticas variáveis. A razão entre os diâmetros da zona clara e da colónia é expressa como Índice de Atividade Enzimática Relativa (I_{CMC}), quanto maior for a razão, maior é a atividade celulolítica de um isolado. Os isolados com I_{CMC} > 0,5 foram considerados como celulase +ve. Nove isolados fúngicos RPW1/1, RPW1/3, RPW1/8, RPW1/9, RPW1/10, RPWM2/5, RZWM3/2, RZWM3/4 e MWM4/7 apresentaram I_{CMC} > 1, enquanto oito isolados RPW1/6, RPWM2/2, RPWM2/4, RZWM3/1, MWM4/6, MWM4/8, MWM4/9 e MWM4/13 apresentaram I_{CMC} > 0,5 (Tabela 4.3).

Observou-se que apenas alguns isolados apresentaram formação de zona em placas de ágar CMC e em placas de ágar ácido tânico (Quadro 4.3). Os isolados com I_{CMC} > 0,5 (independentemente da zona nas placas de meio de ácido tânico) e os isolados com uma zona castanha escura muito boa (MWM4/5 e MWM4/14) foram selecionados para um rastreio secundário adicional. A degradação da lenhina é um passo crucial na bioconversão do constituinte lenhinocelulósico dos resíduos de culturas, porque a celulose e a hemicelulose são revestidas e protegidas pela lenhina. Assim, torna-se importante isolar e selecionar os isolados fúngicos com Índice de Atividade Enzimática Relativa (I_{CMC}), que foi utilizado por muitos investigadores para selecionar isolados quanto à sua atividade celulolítica. Peciulyte (2007) encontrou um índice de atividade de CMCase I_{CMC} = 2,21 ± 0,97 e 2,07 ± 0,85, respetivamente em *Aspergillus niger* e *Gliomastix murorum var. murorum* com actividades lignolíticas e celulolíticas.

Tabela 4.3 Isolados de fungos com capacidade de degradação da celulose e da lenhina

Estirpe de fungos	Atividade lignolítica	Atividade celulolítica	$I *_{CMC}$
RPW 1/1	-	+	1.40
RPW 1/2	+	-	0.00
RPW 1/3	+	+++	1.18
RPW1/4	+	-	0.00
RPW 1/5	-	+	0.08
RPW 1/6	-	+	0.80
RPW 1/7	+	+	0.38
RPW 1/8	-	+++	1.15
RPW 1/9	-	+++	1.45
RPW 1/10	+	+++	1.18
RPWM 2/1	-	-	0.00
RPWM 2/2	-	++	0.50
RPWM 2/3	+	-	0.00
RPWM 2/4	-	++	0.79
RPWM 2/5	-	+++	1.55
RZWM 3/1	-	++	0.80

RZWM 3/2	++	+++	1.06
RZWM 3/3	-	+	0.40
RZWM 3/4	+	+++	1.09
MWM 4/1	-	-	0.00
MWM 4/2	+	-	0.00
MWM 4/3	+	-	0.00
MWM 4/4	+	+	0.03
MWM 4/5	++	+	0.05
MWM 4/6	-	++	0.71
MWM 4/7	-	+++	1.14
MWM 4/8	-	++	0.55
MWM 4/9	-	+	0.50
MWM 4/10	-	+	0.03
MWM 4/11	+	-	0.00
MWM 4/12	-	+	0.07
MWM 4/13	-	++	0.56
MWM 4/14	+++	-	0.00

* Índice de atividade relativa da CMCase $(I)_{CMC}$

4.4 Rastreio secundário em caldo alterado com palha de trigo e arroz

Os fungos são capazes de decompor a celulose, as hemiceluloses e a lenhina nas plantas através da secreção de um conjunto multifacetado de enzimas hidrolíticas e oxidativas (Abd-Elzaher e Fadel, 2010). A biodegradação eficaz da celulose em glucose depende da ação sinérgica das enzimas de degradação da celulose, ou seja, endoglucanases, exoglucanases, celobiohidrolases e glucosidases (Lynd *et al.*, 2002). Foram avaliadas diferentes actividades enzimáticas na fermentação em estado líquido.

Tabela 4.4 Actividades enzimáticas dos isolados em fermentação submersa (UI/ml)

Número de isolamento	CMCase	Fpase	Cellobiase	Xilanase
RPW 1/1	0.166g*	0.052d	0.328c	1.216e
RPW 1/3	0.173g	0.048d	0.354b	1.389c
RPW 1/6	0.402c	0,142abc	0.202e	1.467b
RPW 1/8	0,072hi	0.015f	0.083h	1.176e
RPW 1/9	0.475b	0,138bc	0.214e	1.409bc
RPW 1/10	0,209ef	0.053d	0.374a	1.394c
RPWM 2/2	0,377cd	0.167a	0.236d	1.351cd
RPWM 2/4	0.081h	0,028def	0.118g	0.755g
RPWM 2/5	0,044ij	0.008f	0.037i	0.624h
RZWM 3/1	0,380cd	0,140bc	0.351b	1.323d
RZWM 3/2	0.217e	0,043de	0.129g	0.401i
RZWM 3/4	0,188fg	0.052d	0.030i	0.215k
MWM 4/5	0,043ij	0.008f	0.023j	0.316j
MWM 4/6	0,045ij	0.011f	0.166f	0.858f
MWM 4/7	0.512a	0,159ab	0.160f	1.689a

MWM 4/8	0.005k	0,018ef	0.070h	0.098l
MWM 4/9	0.364d	0,163ab	0,370ab	1.473b
MWM 4/13	0.402c	0.129c	0.207e	1.398c
MWM 4/14	0.042j	0,026def	0.005j	0,154kl

* Os alfabetos pequenos seguidos numa coluna mostram diferenças significativas entre os isolados a um nível de significância de 5%.

Foram selecionados 19 isolados RPW1/1, RPW1/3, RPW1/6, RPW1/8, RPW1/9, RPW1/10, RPWM2/2, RPWM2/4, RPWM2/5, RZWM3/1, RZWM3/2, RZWM3/4, MWM4/5, MWM4/6, MWM4/7, MWM4/8, MWM4/9, MWM4/13 e MWM4/14 foram selecionados para a estimativa quantitativa da atividade enzimática em caldo alterado com pó de palha de arroz-trigo na proporção de 4:1 como fonte de carbono.

O isolado RPW 1/10 apresentou uma atividade máxima de celobiase (0,374 UI/ml). Além disso, a maior atividade de CMCase (0,512 UI/ml) foi demonstrada pelo MWM 4/7, a atividade de FPase (0,167 UI/ml) pelo RPWM 2/2 e a atividade de xilanase (1,689 UI/ml) pelo MWM 4/7 (Tabela 4.4). As celobiases ou beta-glucosidases são as enzimas que participam na hidrólise da ligação β (1→ 4) e hidrolisam o produto da exocelulase em unidades individuais de monossacarídeos. A celulose é o componente chave que compreende aproximadamente 41% do peso seco da planta de arroz. Assim, a rápida degradação da palha de arroz torna-se um aspeto crítico no rastreio de isolados fúngicos com uma potente atividade celulolítica. Embora as actividades enzimáticas registadas pelos isolados MWM 4/5 e MWM 4/14 fossem inferiores (Quadro 4.4), apresentaram uma produção significativa de zona castanha no rastreio primário (Quadro 4.3), pelo que foram selecionados para o rastreio secundário. Infelizmente, o isolado MWM 4/5 tinha uma taxa de crescimento radial muito baixa (dados não apresentados), o que dificultava a produção de enzimas de degradação para ensaios, pelo que o isolado MWM 4/5 não foi selecionado para um estudo mais aprofundado. A atividade da lacase também foi estimada, mas era nula ou negligenciável em todos os isolados na fermentação em estado líquido.

Num estudo semelhante (Kausar *et al.*, 2010), foram testadas a taxa de crescimento, a produção de biomassa e a capacidade de degradar a lenhina e a celulose dos dez isolados de fungos lignocelulolíticos. *O Trichoderma viride* apresentou uma taxa de crescimento significativamente mais elevada em níveis de 20 e 25% de meios com pó de palha de arroz em relação a outros isolados. *O Aspergillus niger* produziu a maior quantidade de biomassa ao nível de 25% de meios misturados com pó de palha de arroz. A taxa de crescimento e a biomassa celular significativamente elevadas dos isolados estudados confirmaram a sua forte afinidade com o ambiente da palha de arroz. As actividades lignocelulolíticas aumentaram com o aumento da concentração de pó de palha de arroz no meio, o que mostrou a capacidade dos fungos para utilizar materiais lignocelulósicos complexos na palha de arroz através da produção de enzimas oxidativas e hidrolíticas. Esta observação foi apoiada por relatórios anteriores de que os microfungos produziram uma série de endoglucanases, celobiohidrolases, glucosidases, polifenol oxidases, lignina peroxidases e laccases para a degradação total de materiais lignocelulósicos na palha de arroz durante o processo de compostagem (Rodrigues *et al.*, 2008; Zhang *et al.*, 2008; Dinis *et al.*, 2009). Uma observação semelhante foi também relatada por Molla *et al.* (2002), que utilizaram meios com pó de lamas para selecionar fungos eficazes para a compostagem de lamas de águas residuais domésticas.

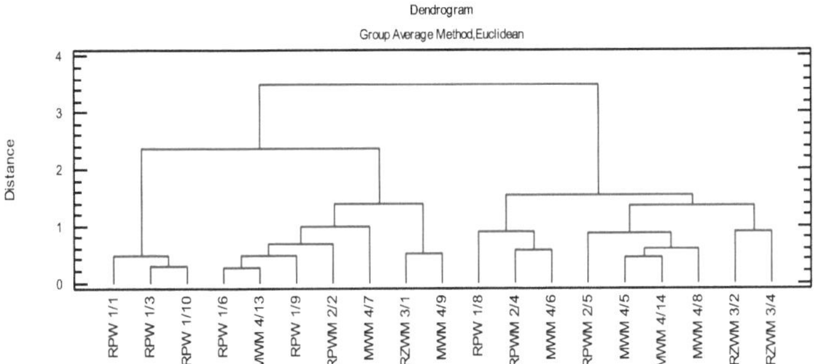

Fig. 4.3 Dendrograma representando 19 isolados fúngicos com base na sua atividade enzimática

Com base no potencial de produção de diferentes enzimas (celobiase, CMCase, FPase e xilanase) das 19 estirpes fúngicas, foi efectuada a análise de agrupamento e foi gerado um dendrograma com o STATGRAPHICS e o método de agrupamento de médias de grupo (Fig. 4.3). Existem dois grupos principais, com base na análise de agrupamento. O Grupo 1, que era o grupo com melhor desempenho, tinha 10 membros e o Grupo 2, que apresentava actividades enzimáticas inferiores, tinha 9 membros. Com base nas actividades enzimáticas dos isolados, todos os nove isolados do grupo 1 e dois do grupo 2 (MWM 4/14 e RZWM 3/2) foram selecionados para estudos posteriores. O RZWM 3/2 foi o único isolado que apresentou todas as actividades enzimáticas, bem como uma boa zona castanha no rastreio primário. Embora o MWM 4/14 fosse pobre em atividade enzimática, mas com base na sua degradação do ácido tânico demonstrada pela formação de uma zona castanha no rastreio primário, foi incluído em estudos posteriores.

4.5 Identificação morfológica dos isolados selecionados

Os 11 isolados selecionados (RPW 1/3, RPW 1/6, RPW 1/9, RPW 1/10, RPWM 2/2, RZWM 3/1, RZWM 3/2, MWM 4/7, MWM 4/9, MWM 4/13, MWM 4/14) foram identificados pelas suas caraterísticas morfológicas e culturais.

4.5.1 *Aspergillus flavus*

Os isolados RPW 1/3 e 1/10 foram identificados como *Aspergillus flavus*. Nas colónias em ágar dextrose de batata dos isolados RPW 1/3 e 1/10, a cor amarelo-esverdeada era devida a um denso feltro de conidióforos amarelo-esverdeados com um reverso creme. Estes isolados cresceram rapidamente. Após alguns dias, a cor verde-amarelada (Fig.4.4a) tornou-se verde-amarelada escura (Fig.4.4b). Estipes de conidióforos com paredes rugosas hialinas. As cabeças dos conídios são tipicamente radiadas, dividindo-se depois em várias colunas soltas. Vesículas globosas a subglobosas. Fialídeos nascidos diretamente na vesícula ou nas métulas. Conídios globosos a subglobosos, verde pálido, equinulados (Fig.4.5 a&b).

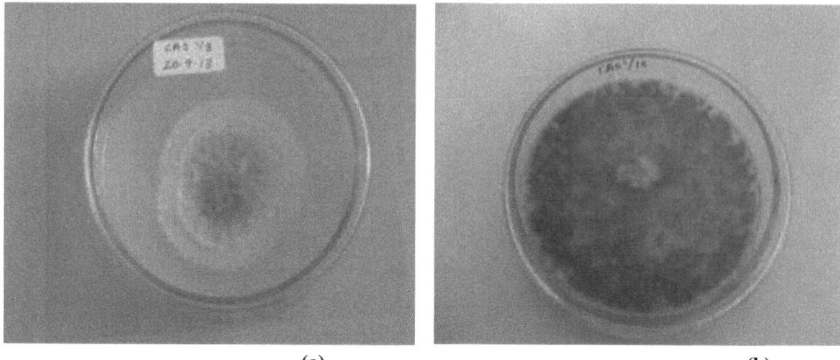

(a)   (b)

Fig. 4.4 Crescimento de *Aspergillus flavus* em PDA (a) isolado RPW 1/3 e (b) isolado RPW 1/10

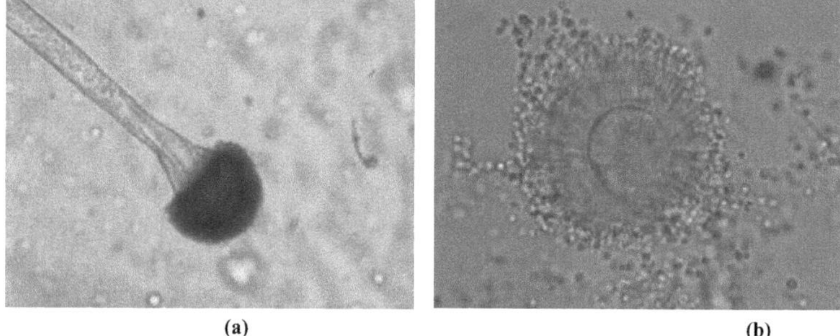

(a)   (b)

Fig. 4.5 Vista microscópica de *Aspergillus flavus* (a) isolado RPW 1/3 (10X) e (b) isolado RPW 1/10 (20X)

4.5.2 *Aspergillus terreus*

Os isolados RPW 1/6 e RPW 1/9 foram identificados como *Aspergillus terreus*. As colónias são aveludadas, castanhas, castanho-canela ou castanho-areia e têm dobras radiais; o reverso é branco a castanho em placas de PDA (Fig. 4.6a&b). Na observação microscópica, as vesículas eram pequenas e em forma de cúpula. As fiálides proximais (primárias) são mais curtas do que as fiálides distais (secundárias), o que produz uma aparência de varredura para cima. As cabeças dos conídios são compactas, colunares e bisseriadas. Os conidióforos são hialinos e de paredes lisas. Os conídios são globosos a elipsoidais, hialinos a ligeiramente amarelos e de paredes lisas, formando longas cadeias (Fig. 4.7a&b).

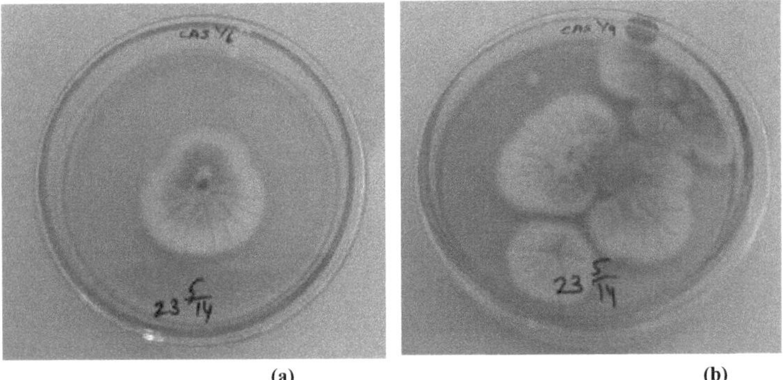

(a)   (b)

Fig. 4.6 Crescimento de *Aspergillus terreus* em PDA (a) isolado RPW 1/6 e (b) isolado RPW 1/9

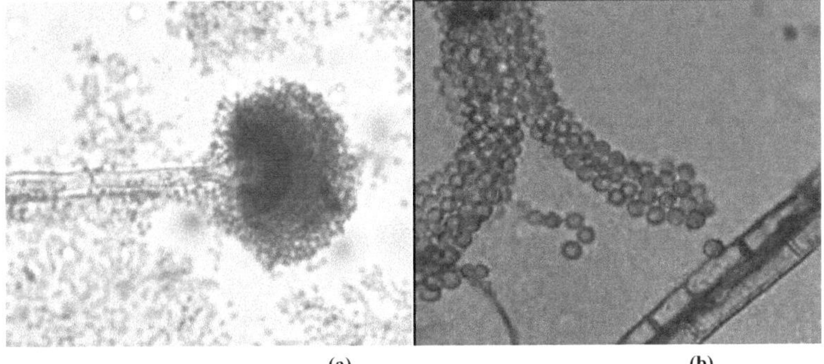

(a)   (b)

Fig. 4.7 Vista microscópica de *Aspergillus terreus* (a) isolado RPW 1/6 (10X) e (b) isolado RPW 1/9 (20X)

4.5.3 *Penicillium janthinellum*

O isolado RPWM 2/2 foi morfologicamente identificado como *Penicillium janthinellum*. Em meio PDA, a cor da colónia era amarela com uma pequena área branca no centro. Mais tarde, a cor amarela passou a verde devido a uma esporulação verde (Fig. 4.8a). Foi produzido um pigmento laranja a vermelho que se difundiu no meio de cultura (Fig. 4.8b). Os conidióforos formaram um corémio com estruturas esporulantes em forma de escova nos ápices, com métula verticilada, fialídeos terminais e conídios catenulados em cada fialídeo. Cabeças conidiais divergentes: cada métula apresentava 3 a 5 fiálides apiculadas e pontiagudas (Fig. 4.9a&b).

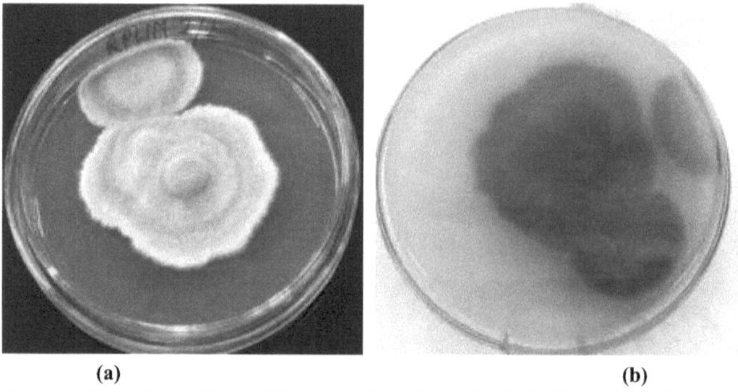

(a)   (b)

Fig. 4.8 Crescimento de *Penicillium janthinellum* (isolado RPWM 2/2) em placas de PDA (a) anverso e (b) reverso

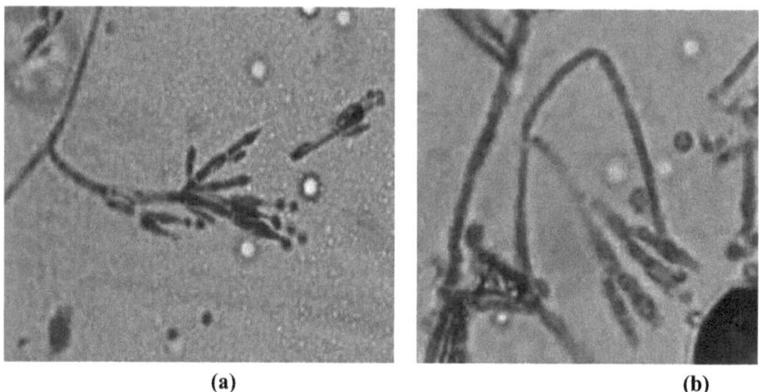

(a)   (b)

Fig. 4.9 Vista microscópica de *Penicillium janthinellum* (isolado RPWM 2/2) 20X

4.5.4 *Aspergillus niger*

O isolado RZWM 3/1 era morfologicamente semelhante a *Aspergillus niger*. As colónias do isolado RZWM 3/1 em PDA eram inicialmente brancas, tornando-se rapidamente negras com uma densa produção de conídios (Fig. 4.10a). O reverso era amarelo pálido e o crescimento produzia fissuras radiais no ágar. O estipe dos conidióforos era longo, de paredes lisas e hialino, tornando-se mais escuro no ápice e terminando numa vesícula globosa. As vesículas eram subesféricas. As células conidiogénicas eram bisseriadas (as vesículas produzem células estéreis conhecidas como métulas que suportam as fiálides conidiogénicas). Metula duas vezes mais longa que as fiálides. As métulas e os fialídeos cobriam toda a vesícula (Fig. 4.10b). As cabeças dos conídios eram inicialmente radiadas, dividindo-se em colunas na maturidade. Os conídios eram castanhos a pretos, muito rugosos e globosos.

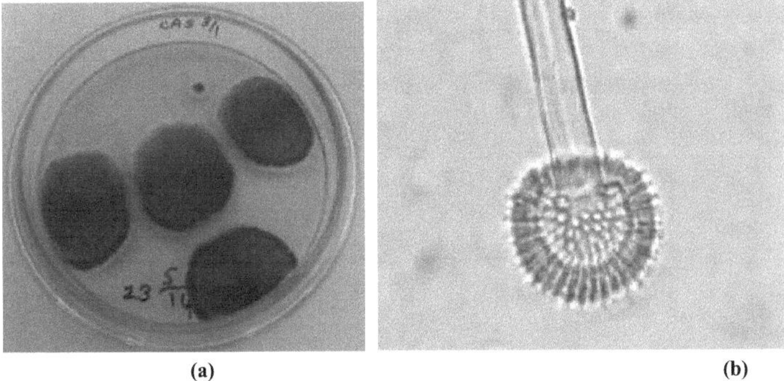

(a)   (b)

Fig. 4.10 *Aspergillus niger* (isolado RZWM 3/1) (a) Crescimento em PDA e (b) Vista microscópica de conidióforos (10X)

4.5.5 *Alternaria alternata*

Os isolados RZWM 3/2 e MWM 4/7 apresentaram caraterísticas morfológicas de *Alternaria alternata*. As colónias eram pretas a preto-oliváceas ou acinzentadas e eram semelhantes a camurça ou flocosas (Fig. 4.11a), o reverso era de cor castanha escura (Fig. 4.11b). Microscopicamente, cadeias acropetálicas ramificadas (blastocatenadas) de conídios multicelulares (dictioconídios) foram produzidas simpodialmente a partir de conidióforos. Os conídios eram obclavados, obpiriformes, por vezes ovóides ou elipsoidais, com um bico curto cónico ou cilíndrico. As espécies de *Alternaria* perderam rapidamente a sua capacidade de esporular em cultura.

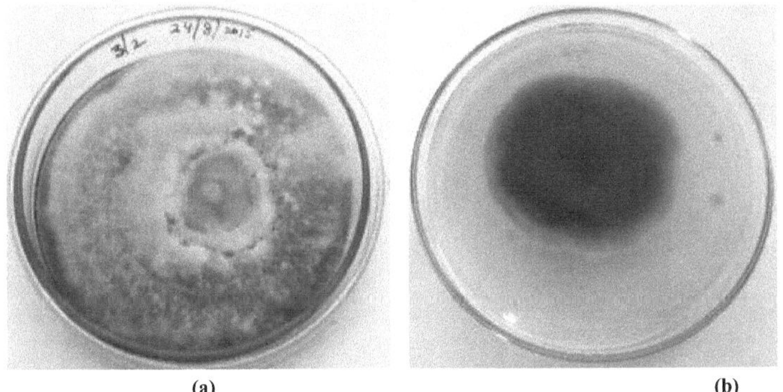

(a)   (b)

Fig. 4.11 Crescimento de *Alternaria alternata* em PDA (a) Anverso do isolado RZWM 3/2 e (b) reverso do isolado MWM 4/7

4.5.6 *Penicillium oxalicum*

Os isolados MWM 4/9 e MWM 4/13 apresentam caraterísticas morfológicas de *Penicillium oxalicum*. Crescimento rápido em meio PDA com crescimento cotonoso branco que, após alguns dias, se tornou verde-escuro, pulverulento, crescimento compacto (Fig. 4.12a&b) e a parte de trás da colónia era de cor creme amarelada. Os conidióforos eram ramificados em duas fases (Fig. 4.13a&b). Os conidióforos surgiram do micélio superficial; os estipes terminavam carateristicamente em verticilos de 2-3 metábolas. Os conídios eram elipsoidais com paredes lisas.

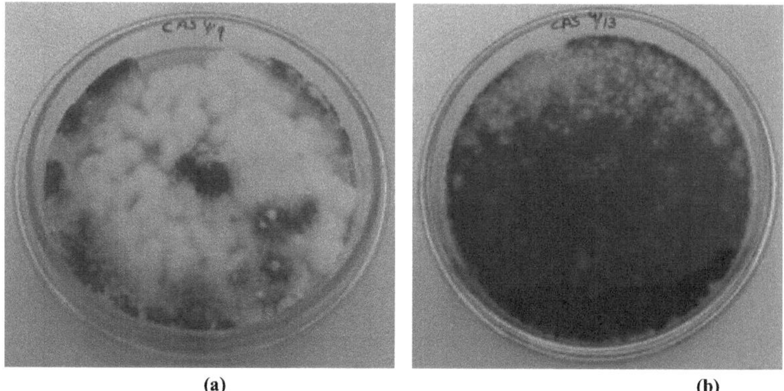

(a)   (b)

Fig. 4.12 Crescimento de *Penicillium oxalicum* em placas de PDA (a) isolado MWM 4/9 e (b) isolado MWM 4/13

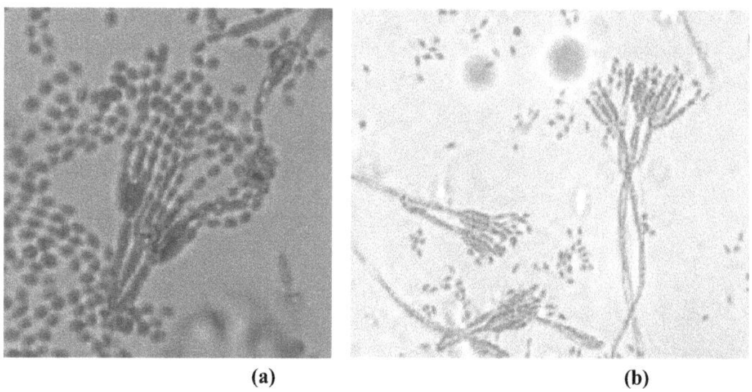

(a)   (b)

Fig. 4.13 Vista microscópica de *Penicillium oxalicum* (a) isolado MWM 4/9 (20X) e (b) isolado MWM 4/13(20X)

4.5.7 *Cladosporium cladosporioides*

O isolado MWM 4/14 foi identificado como *Cladosporium cladosporioides*. As colónias apresentavam um crescimento lento, na sua maioria castanho-oliváceo a castanho-escuro, mas também com tons de cinzento (Fig. 4.14a). As hifas vegetativas, os conidióforos e os conídios eram igualmente pigmentados. Os conidióforos eram mais ou menos distintos das hifas vegetativas, erectos, rectos ou flexuosos, não ramificados ou ramificados apenas na região apical. Os conídios eram de 1 a 4 células, lisos, verrucosos ou equinulados, com um hilo escuro distinto e produzidos em cadeias acropétalas ramificadas. O termo blastocatenato foi frequentemente utilizado para

70

descrever cadeias de conídios em que o conídio mais jovem se encontrava na extremidade apical ou distal da cadeia. Os conídios mais próximos do conidióforo e onde as cadeias se ramificam são geralmente "em forma de escudo". A presença de conídios em forma de escudo (Fig. 4.14b), de um hilo distinto e de cadeias de conídios que se desarticulam facilmente, foi diagnosticada para o género *Cladosporium*.

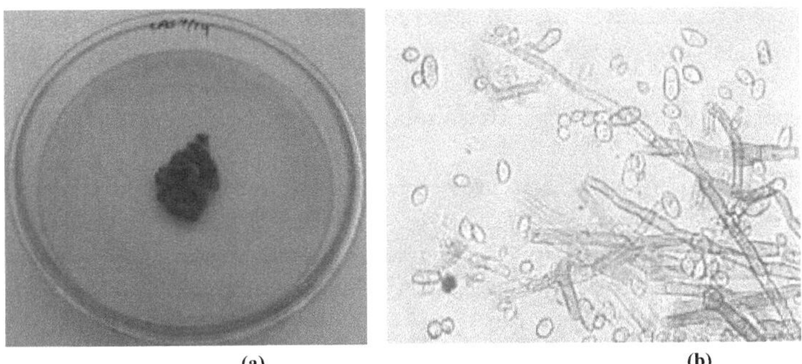

(a)   (b)

Fig. 4.14 *Cladosporium cladosporioides* (isolado MWM 4/14) (a) Crescimento em PDA e (b) Vista microscópica do micélio mostrando conídios (20X)

Ao estudar as caraterísticas morfológicas, culturais e microscópicas dos isolados, verificou-se que os 11 isolados selecionados pertenciam a quatro géneros, *ou seja, Aspergillus, Alternaria, Penicillium* e *Cladosporium.* O género *Aspergillus* tinha três espécies, *Aspergillus flavus* (isolado RPW 1/3 e RPW 1/10), *Aspergillus terreus* (isolado RPW 1/6 e RPW 1/9) e *Aspergillus niger* (isolado RZWM 3/1), o género *Alternaria* tinha uma espécie, *Alternaria alternata* (isolado RZWM 3/2 e MWM 4/7), O género *Penicillium* tinha duas espécies como *Penicillium janthinellum* (isolado RPWM 2/2) e *Penicillium oxalicum* (isolado MWM 4/9 e MWM 4/13) e *Cladosporium* tinha uma espécie *Cladosporium cladosporioides* (isolado MWM 4/14).

4.6. Análise de isolados para degradação lignocelulósica em fermentação em estado sólido

Uma vez que os isolados fúngicos produziam enzimas lenhinocelulolíticas na fermentação em estado submerso, foram analisados mais aprofundadamente na fermentação em estado sólido, uma vez que, em condições de campo, a situação é muito semelhante à da fermentação em estado sólido. Não só as actividades enzimáticas, mas também o potencial de degradação de todos os isolados selecionados foram também estimados para selecionar os isolados com actividades lignocelulolíticas mais elevadas, bem como com maior potencial de degradação. As actividades enzimáticas lignocelulolíticas foram estimadas no filtrado obtido após a fermentação em estado sólido e o resíduo restante foi utilizado para estimar a perda de massa seca, os constituintes celulares, o carbono e o azoto. No total, foram selecionados 12 isolados a partir do rastreio secundário no passo n.º 4.4 para o potencial lenhinocelulolítico por fermentação em estado sólido, mas em fases posteriores, o isolado RPW 1/1 foi rejeitado porque perdeu a esporulação após a subcultura. Por conseguinte, apenas 11 isolados foram utilizados para um estudo mais aprofundado.

4.6.1 Actividades das enzimas lignocelulolíticas

A fermentação em estado sólido tem muito potencial para a produção de enzimas, tal como referido por Toca-Herrera *et al.* (2007). Couto e Sanromán (2005) também encontraram uma tendência crescente para a utilização de resíduos agrícolas e florestais na fermentação em estado sólido para a produção de produtos de valor acrescentado.

A palha mista de arroz e trigo foi utilizada como substrato sólido para fermentação e foram estimadas diferentes actividades de enzimas lignocelulíticas, nomeadamente celobiase, CMCase, Fpase, xilanase e lacase, em extractos fermentados após 7 dias de incubação a 30 °C (Quadro 4.5). As espécies de *Penicillium* produzem sistemas enzimáticos com bom desempenho na degradação da lignocelulose. Como se mostra na Tabela 4.5, o isolado *Penicillium janthinellum* RPWM 2/2 apresentou actividades máximas de CMCase (3,79 UI/g de substrato), Fpase (1,11 UI/g de substrato) e Xilanase (17,53 UI/g de substrato), mas uma atividade inferior de lacase (3,51CU/g de substrato) (Fig. 4.15, 4.16, 4.18 e 4.19). Resultados semelhantes foram obtidos por Zeng *et al.* (2006) com o fungo do solo *P. simplicissum*. Kundu *et al.* (2012) relataram que o isolado fúngico *P. janthinellum* (MTCC 10889) é um excelente produtor de endoxilanase e celulase. Adsul (2014) também encontrou *P. janthinellum* como um produtor de celulases em fermentação em estado sólido. Singhaniya et al. (2014) concluíram que *P. janthinellum EMS-UV-8* tem potencial para a produção de celulases em larga escala.

Tabela 4.5 Actividades enzimáticas na fermentação em estado sólido (UI/g de substrato)

Número de isolamento	Isolado identificado	CMCase	Fpase	Cellobiase	Xilanase	Lacaia[#]
RPW 1/3	*Aspergillus flavus*	3,57 ab*	0.75 b	0,95cd	16,51 ab	3.67 c
RPW 1/6	*Aspergillus terreus*	3.37 b	0.72 c	0.26 e	13.50 d	5.74 a
RPW 1/9	*Aspergillus terreus*	3,56 ab	0.55 c	0.43 e	14,82 cd	4.38 b
RPW 1/10	*Aspergillus flavus*	2.36 c	0.42 d	0.92 d	16,84 ab	1.82 e
RPWM 2/2	*Penicillium janthinellum*	3.79 a	1.11 a	1,05 cd	17.53 a	3.51 c

RZWM 3/1	*Aspergillus niger*	3,51 ab	0,44 cd	1.45 b	13.87 d	3.91 c
RZWM 3/2	*Alternaria alternata*	1.95 d	0,46 cd	1.79 a	15.64 a.C.	5.28 a
MWM 4/7	*Alternaria alternate*	1,59 de	0,20 ef	0.33 e	13.81 d	1.29 f
MWM 4/9	*Penicillium oxalicum*	1.49 e	0.30 e	1.21 a.C.	8.19 e	3.53 c
MWM 4/13	*Penicillium oxalicum*	1,70 de	0.16 f	0.90 d	8.85 e	1.35 f
MWM 4/14	*Cladosporium cladosporioides*	0.61f	0.10 f	0.13 e	1.70 f	2.96 d

* Os alfabetos pequenos seguidos numa coluna mostram diferenças significativas entre os isolados a um nível de significância de 5%.

Unidade colorimétrica (CU/g) de substrato

O RZWM 3/2 apresentou as actividades mais elevadas das enzimas celobiase (1,79 UI/g) e lacase (5,28 CU/g) (Fig. 4.17 e 4.19). RZWM 3/2 e MWM 4/7 foram identificados como *Alternaria alternata*. A maioria das espécies de *Alternaria* são saprófitas que se encontram habitualmente no solo ou em tecidos vegetais em decomposição e algumas espécies são agentes patogénicos oportunistas para as plantas (Thomma, 2003). As estirpes de *A. alternata* são capazes de produzir endo-poligalacturonase (Isshiki *et al.*, 1997) na presença de pectina e β-glucosidase na presença de sacarose (Saenz-de-Santamaria *et al.*, 2006). Foi relatado que *A. alternata*, como fungo endofítico, também produz xilanase (Wipusaree *et al.*, 2011). Sohail *et al.* (2011) afirmaram que a produção de celulases é um processo geneticamente regulado em *Alternaria sp. MS28* e influenciado pela presença de diferentes substratos. A produção de endoglucanase (CMCase) e celobiase foi desencadeada, respetivamente, na presença de CMC e salicina.

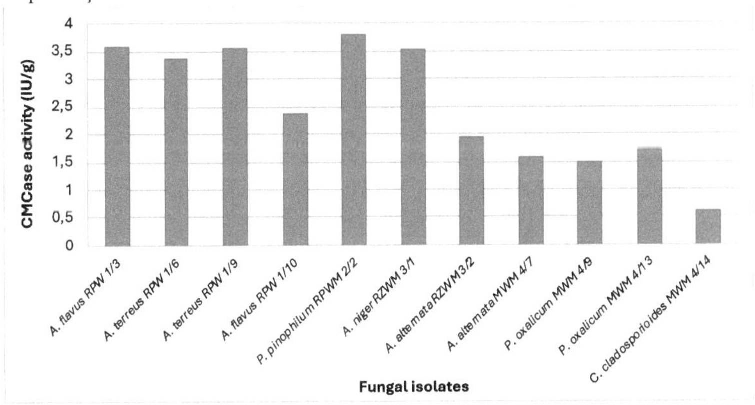

*Os dados representam a média de triplicados e os resultados são apresentados como média ± DP.

Fig. 4.15 Atividade de CMCase dos isolados em fermentação em estado sólido.

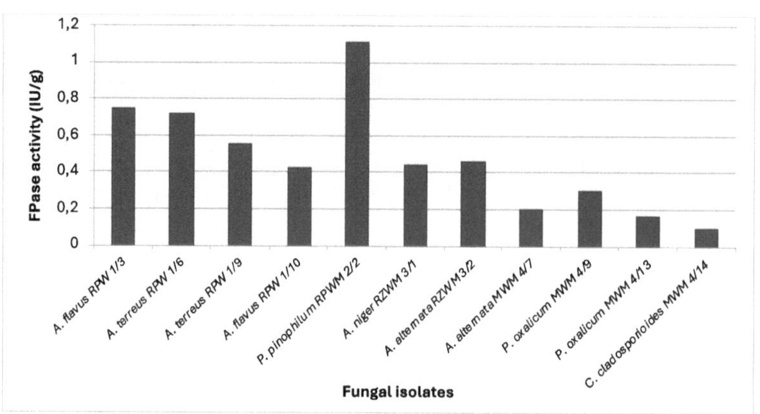

Os dados representam a média de triplicados e os resultados são apresentados como média ± DP.

Fig. 4.16 Atividade de FPase dos isolados em fermentação em estado sólido

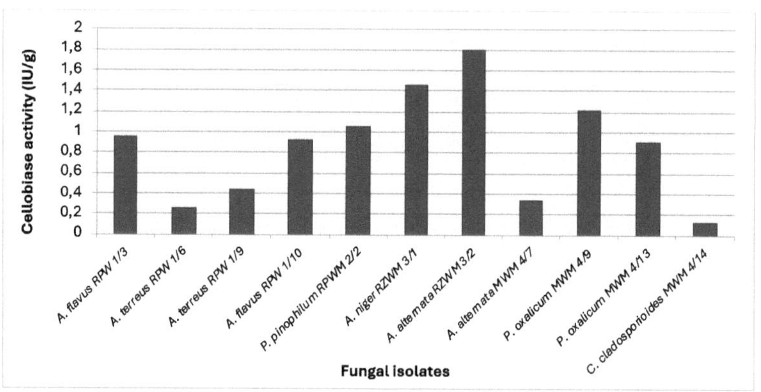

Os dados representam a média de triplicados e os resultados são apresentados como média ± DP.

Fig. 4.17 Atividade de celobiase dos isolados em fermentação em estado sólido

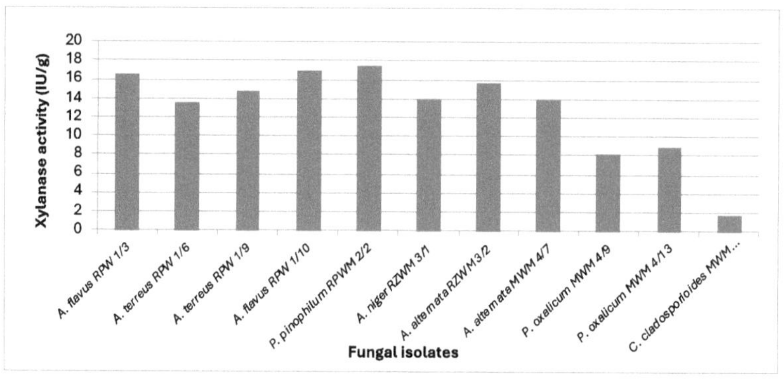

Fig. 4.18 Atividade de xilanase dos isolados em fermentação em estado sólido

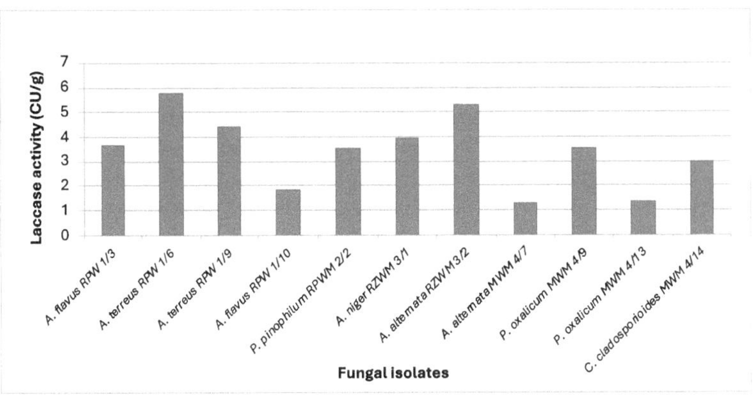

Fig. 4.19 Atividade de lacase dos isolados em fermentação em estado sólido

A celulase é uma enzima complexa que contém endoglucanase, exoglucanase e celobiase. A hidrólise da celulose natural em glucose depende do sinergismo destes três componentes. A celulase mais utilizada produzida por *Trichoderma reesei* tem uma atividade elevada de endoglucanase e exoglucanase, mas a atividade da celobiase é relativamente baixa. Para além da endoglucanase e da exoglucanase, a melhoria da atividade da celobiase no sistema de reação da celulase também é importante para aumentar o rendimento da sacarificação dos recursos celulósicos. Sabe-se que as espécies de *Aspergilli* produzem as três actividades enzimáticas do complexo de celulose e exibem uma forte atividade hidrolítica em relação à celulose (Ogbonna *et al.*, 2015). Com base nas caraterísticas morfológicas e culturais, RPW 1/3 e RPW 1/10 foram identificados como *Aspergillus flavus*, RPW 1/6 e RPW 1/9 como *Aspergillus terreus* e RZWM 3/1 como *Aspergillus niger*.

    Aspergillus niger RZWM 3/1 apresentou uma maior atividade de celobiase (1,45 UI/g) em comparação com outras *espécies de Aspergillus* (Fig. 4.17). Os nossos resultados estão de acordo com Shen e Xia (2003), que observaram que *Aspergillus niger* LORRE 012 era uma estirpe de elevada produtividade para a produção de celobiase e que os seus esporos eram ricos em celobiase. Imobilizaram a celobiase de forma eficiente, simplesmente envolvendo os esporos em géis de alginato de cálcio em vez de proteínas de celobiase puras. A celobiase imobilizada era bastante estável e a sua semi-vida era de 38 dias a pH 4,8, 50° C. *A. niger* é conhecida mundialmente pela sua capacidade de produzir uma vasta gama de glucohidrolases extracelulares, incluindo xilanases, pectinases e β-glucosidase (Ward *et al.*, 2005). Esta caraterística está associada à capacidade do fungo de se propagar e colonizar uma variedade de ambientes, principalmente aqueles ricos em materiais vegetais em decomposição (Meijer, 2011). Os resultados de Sohail *et al.* (2014) afirmaram que *o A. niger* é um candidato potencial como alternativa ao *Trichoderma* na produção de celulases. Foi registado um grande número de espécies fúngicas que produzem um ou mais tipos de celulases (Malik *et al.*, 2011; Zia *et al.*, 2012). No entanto, as celulases dos membros do género *Trichoderma* foram particularmente exploradas e estão disponíveis comercialmente. Apesar das suas aplicações comerciais, as celulases *de Trichoderma* contêm baixos níveis de β-glicosidase e, por conseguinte, não podem remover completamente a celobiose da mistura de reação, pelo que a procura de alternativas é atualmente objeto de investigação. Algumas espécies fúngicas, incluindo *Aspergillus niger*, são consideradas como tendo igual potencial para a produção comercial de celulases como a de *Trichoderma* (Gusakov, 2011). Foi relatado que o fungo é endofítico em várias espécies de plantas (Ilyas *et al.*, 2009). *A* capacidade do *A. niger* para decompor vários substratos lignocelulósicos, como palha de trigo (Kaur e Sahota, 2004), palha de arroz (Lee *et al.*, 2011) e folhada (Song *et al.*, 2010), também foi registada por muitos investigadores.

Verificou-se que espécies de *Aspergillus* como *A. flavus* (Ojumu *et al.*, 2003; Saritha e Maruthi, 2010), *A. niger* (Adav *et al.*, 2010; Chinedu *et al.*, 2008; Ja'afaru e Fagade, 2007) e *A. terreus* (Jahromi *et al.*, 2011) são eficazes na biodegradação de materiais lignocelulósicos através da produção de enzimas oxidativas e hidrolíticas. Da mesma forma, a atividade da enzima oxidativa, ou seja, a lacase, foi registada no máximo por *Aspergillus terreus* RPW 1/6 (5,74 CU/g), o que foi significativamente semelhante a *A. alternata* RZWM 3/2 (5,28 CU/g), como se mostra na Fig.4.19. Foi relatado que *A. terreus*, com menor atividade de celulase, é um bom produtor de xilanase, mas em meio líquido com farelo de trigo como fonte de carbono (Sorgattoet *et al.*, 2012). Os substratos influenciam a produção de enzimas, uma vez que Rehman *et al.* (2014) verificaram que a adição de CMC à casca de banana resultou num aumento da produção de endoglucanase e FPase por *Aspergillus terreus MS105*. Da mesma forma, Narra *et al.* (2012) utilizaram palha de arroz pré-tratada como substrato na fermentação em estado sólido para a produção de celulases e relataram a possibilidade de produção de açúcares fermentáveis com maior eficiência por *A.terreus*.

Muitos outros substratos, como fibra de cacho de frutos vazios de palma de óleo (Shahriarinour *et al.*, 2011), casca de amendoim pré-tratada (Vyas *et al.*, 2005), palha de arroz e bagaço de cana-de-açúcar (Abdel-Fatah *et al.*, 2012; Kumar e Parikh, 2015), *Saccharum spontaneum*, uma erva daninha de terreno baldio (Ilyas *et al.*, 2012) e resíduos de coco (Mrudula e Murugammal, 2011) também foram relatados para a produção de celulases por *A.terreus*. O efeito do substrato também foi observado por Naseeb *et al.* (2015). Observou-se que a carboximetilcelulose, a salicina e a xilana induzem a produção de endoglucanase, β-glucosidase e xilanase, respetivamente, por *Aspergillus fumigatus (MS16)*. A produção de enzimas celulolíticas e hemicelulolíticas depende da natureza do substrato, uma vez que a fonte de carbono pode aumentar o crescimento do organismo e induzir a coprodução de determinadas enzimas (Juhasz *et al.*, 2005).

Aspergillus flavus RPW 1/3 não apresentou atividade máxima de qualquer enzima, mas o desempenho global foi comparativamente melhor do que o de outras espécies de fungos (Quadro 4.5). Os nossos resultados estão de acordo com Chauhan *et al.* (2007) que referiram *A. flavus* como um fungo celulolítico e xilanolítico que foi utilizado para decompor bagaço de cana-de-açúcar fresco (SCB) para melhorar a qualidade do composto.

Os isolados MWM 4/9 e MWM 4/13 foram identificados como *Penicillium oxalicum*. Ambos tiveram um desempenho fraco na fermentação em estado sólido (Tabela 4.5), mas Liao (2014) relatou que *P. oxalicum* produziu uma enzima lignocelulolítica de alta eficiência induzida em substratos complexos. Moubasher e Mazen (1991) observaram que *P. oxalicum* e *A. niger* eram as espécies de topo na atividade celulolítica entre diferentes fungos mesófilos. Jorgensen e Olsson (2006) descreveram que várias espécies de *Penicillium* têm a capacidade de produzir sistemas de enzimas celulolíticas. Krogh *et al.* (2004) investigaram 12 espécies de *Penicillium* e descobriram que alguns *Penicillium sp.* são bons produtores de enzimas celulolíticas e xilanolíticas. Muitas espécies de *Penicillium* foram relatadas como boas produtoras de enzimas, mas especialmente de xilanase, como *P. janthinellum* (Milagres *et al.*, 1993), *P.oxalicum* (Li *et al.*, 2007; Liao *et al.*, 2012) e *P. janczewskii* (Terrasan *et al.*, 2010). No nosso estudo, também foram registados resultados semelhantes, uma vez que *Penicillium janthinellum* RPWM 2/2 apresentou uma atividade de xilanase máxima em comparação com outros isolados (Fig. 4.18). Foi relatado que outra espécie de *Penicillium*, ou seja, *P. funiculosum*, tem um grande potencial para a produção de celulases, apresentando uma quantidade bem equilibrada de actividades enzimáticas de degradação da celulose (Castro *et al.*, 2010; Maeda *et al.*, 2010), particularmente um teor mais elevado de celobiase. Zhang *et al.* (2014) encontraram predominância de *Penicillium* juntamente com *Trichoderma* na degradação da celulose em florestas subtropicais e tropicais na China.

O isolado fúngico MWM 4/14 foi identificado como *Cladosporium cladosporioides*. Este isolado não mostrou boas actividades de qualquer enzima (Tabela 4.5), mas Lynch *et al.* (1981) relataram a atividade de celulase em *Cladosporium cladosporioides*, enquanto Jin *et al.* (2012) relataram tanto a atividade de celulase como de lacase.

Ao comparar as actividades das cinco enzimas (Quadro 4.5), verificou-se que MWM 4/7, MWM 4/9, MWM 4/13 e MWM 4/14 registaram actividades fracas de todas as enzimas em comparação com outros isolados fúngicos.

4.6.2 Perda de massa seca

A perda de massa seca é a massa de resíduos que se perdeu no processo de fermentação devido à degradação das lignoceluloses. A perda máxima de massa seca foi alcançada com os isolados *A.flavus* RPW 1/3 (31%), seguido por *A. terreus* RPW 1/6 (29%), *A. alternata* RZWM 3/2 (26%) e *P. janthinellum* RPWM 2/2 (21%) (Fig. 4.20).

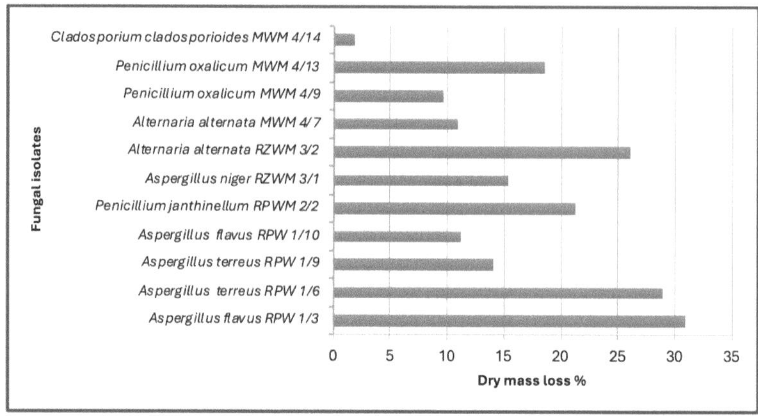

*Os dados representam a média de triplicados e os resultados são apresentados como média ± DP.

Fig. 4.20 Perda de massa seca do resíduo após fermentação em estado sólido

Estes resultados estão em estreita conformidade com o trabalho efectuado por Sinegani *et al.* (2005), que encontraram 21,1% de perda de peso de resíduos de arroz com *A. terreus*. Para além das espécies fúngicas, as bactérias também foram referidas como capazes de degradar a biomassa lignocelulósica, como a palha de arroz. A estirpe bacteriana endofítica *Pantoea* sp. *Sd-1*, isolada de sementes de arroz, mostrou uma capacidade excecional para degradar a palha de arroz e a lenhina. Num meio contendo palha de arroz suplementado com 1% de glucose e 0-5% de peptona, *a Pantoea* sp. Sd-1 reduziu eficazmente o peso da massa da palha de arroz em 54-5% após 6 dias de tratamento. Esta estirpe também foi capaz de reduzir a cor da lenhina (52-4%) e o seu conteúdo (69-1%) após 4 dias de incubação (Xiong *et al.*, 2014). Han e He (2010) realizaram uma experiência para verificar os efeitos da aplicação de celulase exógena na decomposição da palha, na fertilidade do solo e no crescimento das plantas em experiências com sacos de nylon e vasos. Verificou-se que a aplicação de celulase promoveu a decomposição da palha; e as taxas de decomposição da palha de arroz e de trigo aumentaram 6,3-26,0% e 6,8-28,0%, respetivamente, nas experiências com sacos de nylon. Nas experiências em vasos, os teores de N e P disponíveis no solo, a atividade da celulose no solo e o crescimento das plântulas de arroz aumentaram. Embora a aplicação de celulose no solo pareça atualmente não ser económica, a celulase pode aumentar a fertilidade do solo e o crescimento das plantas a curto prazo devido à aceleração da decomposição da palha e tem potencial para ser uma abordagem amiga do ambiente para gerir a palha.

A abordagem da utilização de fungos autóctones para a degradação de RC poderia ajudar a aumentar o carbono orgânico do solo (SOC) e os rendimentos das culturas, melhorando simultaneamente a qualidade do ambiente. Os resíduos de culturas deixados no campo após a colheita das culturas desempenham um papel vital na acumulação de matéria orgânica do solo (SOM) e no orçamento de nutrientes (Hartemink e O'Sullivan, 2001). A quantidade de nutrientes reciclados no sistema, no entanto, depende da qualidade e quantidade de biomassa de resíduos. Sharma *et al.* (2015) relataram que no cenário II, III e IV baseado na AC, um total de 47,9, 56,1 e 65,8 t ha^{-1} resíduos de culturas, respetivamente, foram reciclados nos últimos 4 anos, o que resultou em maior conteúdo de SOC, respetivamente, em 22, 67 e 71% em comparação com o cenário I (0,45%). O aumento do SOC melhorou os principais e os micronutrientes no solo e também melhorou as actividades biológicas em diferentes cenários. A composição química dos resíduos vegetais, as condições climáticas (Cadisch e Giller, 1997) e a natureza da comunidade de decompositores (micróbios do solo) (Couteaux *et al.*, 1995; Saetre, 1998) determinam a taxa de decomposição. Os principais factores bioquímicos considerados são a relação carbono (C)/nitrogénio (N), o teor de celulose ou de lenhina e a relação lenhina/N dos resíduos (Fox *et al.*, 1990). Assim, a avaliação da qualidade dos resíduos é importante porque influencia a colonização e as interações microbianas (Kshattriya *et al.*, 1994). A maior parte da decomposição química dos materiais orgânicos é efectuada por microrganismos heterotróficos, entre os quais os fungos constituem um grupo importante (Shukla *et al.*, 1990). As hifas dos fungos penetram no material de compostagem e decompõem a fração mais recalcitrante da matéria orgânica, como a lenhina e a celulose, tanto química como mecanicamente. A atividade dos microrganismos e várias agências físico-químicas provocam alterações na estrutura e na composição química da matéria orgânica, que por sua vez regulam a composição de espécies de microrganismos de colonização tardia (Adedji, 1986). Shukla *et al.* (1990) referiram *Fusarium sp., Mucor sp., Penicillium sp.* e *Rhizopus sp.* como os microfungos de sucessão precoce na decomposição de resíduos de culturas. No estudo de Majumder *et al.* (2010), a comunidade fúngica de sucessão precoce incluiu *Mortierella sp., Geotrichumcandidum, Aspergillus sp., Cladosporium sp., Penicillium sp.* e *Verticillium sp.*

4.6.3 Alterações da composição bioquímica da palha

A palha de arroz-trigo foi analisada quanto a alterações nos parâmetros bioquímicos antes e depois da fermentação. Verificou-se que a percentagem de celulose e hemicelulose diminuiu significativamente na palha fermentada (Quadro 4.6). A celulose mais baixa (32,06%) foi observada na palha tratada com *Penicillium janthinellum* RPWM 2/2. A celulose também foi encontrada comparativamente baixa, ou seja, 33,80 e 32,74 % em palhas tratadas com *Aspergillus flavus* RPW 1/3 e *Aspergillus terreus* RPW 1/6, respetivamente.

A hemicelulose foi a mais baixa e significativamente semelhante na palha tratada com *Aspergillus terreus* RPW 1/6 (15,90%), *Penicillium janthinellum* RPWM 2/2 (15,20%) e *Penicillium oxalicum* MWM 4/9 (16,22) (Quadro 4.6). A tendência revelada pela celulose e pela hemicelulose não foi seguida pela lenhina porque estes três constituintes químicos foram medidos em percentagem; consequentemente, a diminuição da celulose e das hemiceluloses resultará num aumento da percentagem de lenhina.

Quadro 4.6 Composição (%) da palha após fermentação em estado sólido

Isolar	Celulose	Hemicelulose	Lignina

Aspergillus flavus RPW 1/3	33,80ef	18.66bc	9.19ab
Aspergillus terreus RPW 1/6	32,74fg	15.90d	9.53a
Aspergillus terreus RPW 1/9	34.06de	17.95c	7.52def
Aspergillus flavus RPW 1/10	35.92bc	18.85bc	7.35ef
Penicillium janthinellum RPWM 2/2	32.06g	15.20d	9.46a
Aspergillus niger RZWM 3/1	35.65bc	19,99ab	7,95cdef
Alternaria alternata RZWM 3/2	36.18bc	19.04bc	8.44bcd
Alternaria alternata MWM 4/7	35.18cd	19.24abc	8.29bcde
Penicillium oxalicum MWM 4/9	35.02cd	16.22d	8.18cdef
Penicillium oxalicum MWM 4/13	35.70bc	17.92c	8,87abc
Cladosporium cladosporioides MWM 4/14	36.75b	17.88c	7.18f
Controlo	40.14a	20.42a	7.48def

** Os alfabetos pequenos seguidos numa coluna mostram diferenças significativas entre os isolados a um nível de significância de 5%.*

Para conhecer o efeito global dos isolados na decomposição da biomassa lignocelulósica, a percentagem de perda foi também calculada com base na perda de massa seca unitária (Tabela 4.7). A perda máxima de celulose foi observada por *Aspergillus terreus* RPW 1/6 (42,06%) e *Aspergillus flavus* RPW 1/3 (41,90%), seguidos por *Penicillium janthinellum* RPWM 2/2 (37,10%) e *Alternaria alternata* RZWM 3/2 (33,31%). A hemicelulose foi perdida ao máximo por *Aspergillus terreus* RPW 1/6 (44,69%), seguido por *Penicillium janthinellum* RPWM 2/2 (41,38%), *Aspergillus flavus* RPW 1/3 (36,95%) e *Alternaria alternata* RZWM 3/2 (31,01%). A perda de lignina foi observada no máximo por *Alternaria alternata* RZWM 3/2 (16,52%), seguida por *Aspergillus flavus* RPW 1/3 (15,23%), *Aspergillus terreus* RPW 1/9 (13,65) e *Aspergillus flavus* RPW 1/10 (12,74%). Os isolados que apresentaram maior perda de massa seca (Fig. 4.20) também apresentaram maior perda de constituintes da parede celular (Quadro 4.7).

Verificou-se que alguns isolados registaram um grau mais elevado de perda de celulose e hemicelulose, mas nenhum dos isolados apresentou um grau elevado de perda de lenhina. Chang *et al.* (2012) também relataram que os isolados que apresentam maior grau de perda de celulose e hemiceluloses em geral não apresentam perda de lignina, pois *Fusarium moniliforme* mostrou alto grau de degradação de lignina em 34,7%, enquanto a degradação de holocelulose foi baixa em 2,1%. Noutra espécie fúngica, *Penicillium ochrochloron* Y5, foi observada uma maior degradação da celulose e da hemicelulose em comparação com a degradação da lenhina da palha de trigo em 43,5%, 49,7% e 9,3% após 10 dias de incubação (Yin *et al.*, 2011). A Tabela 4.7 indica a capacidade de *Aspergillus sp* como bom degradador de lignocelulose. Reanprayoon (2011) também encontrou resultados semelhantes, onde a perda de peso da palha de arroz foi registada entre 50-70% por *Aspergillus niger* e, em condições termofílicas, os teores de celulose, hemicelulose e lenhina diminuíram mais de 80% após três semanas. Algumas outras espécies de fungos também foram relatadas para a degradação de resíduos de culturas; Maza *et al.* (2014) encontraram perda de massa seca (32,07%) de resíduos de cana-de-açúcar por *Phanerochaete sp.* Y-RN1 após 14 dias de cultivo e Dorado *et al.* (1999) encontraram 45% de perda de peso após 60 dias na fermentação da palha de trigo com *Phanerochaete chrysosporium.*

Na natureza, a lignocelulose pode ser completamente degradada pela ação sinérgica de microrganismos lignocelulolíticos e não lignocelulolíticos.

Quadro 4.7 Perda de constituintes da parede celular

Isolar	Perda de celulose %	Perda de hemicelulose %.	Perda de lenhina %
Aspergillus flavus RPW 1/3	41.90a	36.95c	15.23b
Aspergillus terreus RPW 1/6	42.06a	44.69a	9.49f
Aspergillus terreus RPW 1/9	27.12d	24.50f	13.65c
Aspergillus flavus RPW 1/10	20.53f	18.02g	12.74d
Penicillium janthinellum RPWM 2/2	37.10b	41.38b	0.40j
Aspergillus niger RZWM 3/1	24.83e	17.15g	10.05e
Alternaria alternata RZWM 3/2	33.31c	31.01d	16.52a
Alternaria alternata MWM 4/7	21.93e	16.07h	1.28i
Penicillium oxalicum MWM 4/9	21.11ef	28.17e	1.11i
Penicillium oxalicum MWM 4/13	27.55d	28.51e	3.40h
Cladosporium cladosporioides MWM 4/14	10.18g	14.10i	5.83g

** Os alfabetos pequenos seguidos numa coluna mostram diferenças significativas entre os isolados a um nível de significância de 5%.*

4.6.4 Relação C: N da palha

O carbono, o azoto e a sua relação foram estimados na palha tratada com fungos e seca, juntamente com amostras de controlo, após sete dias de incubação. A degradação da palha de trigo-arroz mostrou uma tendência decrescente no carbono total (C) e na relação C/N (Fig. 4.21 e 4.23), ao passo que o teor de azoto total (N) aumentou em todas as amostras em diferentes graus (Fig. 4.22). Como se pode ver na Fig. 4.21, os isolados RPW 1/3, RPW 1/6, RPWM 2/2 e RZWM 3/2 apresentaram praticamente o mesmo e mais baixo C (37%). Durante o processo de biodegradação, o carbono orgânico é convertido em energia e CO_2 como produtos finais metabólicos. Assim, o teor total de carbono do substrato diminui à medida que a degradação progride. O teor de azoto foi mais elevado (0,90%) na amostra tratada com RPWM 2/2, seguido de RZWM 3/2 (0,81%) e RPW 1/3 (0,78%). O aumento do teor de azoto total pode dever-se à formação de novas estruturas celulares, enzimas e hormonas, bem como à nitrificação pelos microrganismos (Zhu, 2007). O aumento do teor de azoto total durante o processo de biodegradação está de acordo com os estudos de Veeken *et al.* (2001), que mostraram que a quantidade de azoto total aumentou com a incorporação de materiais lignocelulósicos durante a compostagem de lamas de depuração e de estrume de galinha. A relação C: N do resíduo da cultura é um fator determinante para a sua degradação e maturidade. Um rácio baixo de C: N durante a fase inicial de decomposição causa um aumento múltiplo na taxa de decomposição (Eiland *et al.*, 2001; Golueke, 1992). Conforme os resultados apresentados na Fig. 4.23, os isolados fúngicos apresentaram uma diminuição máxima no rácio C: N até 33% (*Penicillium janthinellum* RPWM 2/2) em comparação com o controlo. A relação C:N do controlo foi de 62,16, tendo diminuído para 4,54 em apenas 7 dias com *Penicillium janthinellum* RPWM 2/2. Sharma *et al.* (2014) sugeriram a utilização de diferentes inoculantes fúngicos, bacterianos e actinomicetas para acelerar o processo de compostagem da palha de arroz, reduzindo o rácio C: N para 15:1 em 60 dias. Gaind *et al.* (2005) observaram que, quando a palha de trigo não cortada foi suplementada com 1% de ureia e um inóculo fúngico misto de *Aspergillus nidulans, Phanerochaete chrysosporium* e *Trichoderma viride*, foi atingida uma relação C/N mais baixa de 10,7, uma biomassa mais baixa de 9,54 e um teor de húmus mais elevado de 13% em 3 meses. Observou-se uma redução significativa do teor de lenhina e celulose na palha de arroz inoculada com uma cultura mista de *Rhizopus oryzae, Aspergillus oryzae* e *Aspergillus fumigatus* em comparação com a sua aplicação individual. A cultura mista destas três estirpes de fungos também reduziu o rácio C: N para 10:1 em comparação com 70:1 na palha de arroz misturada com o solo (Viji e Neelenarayanan, 2015).

De acordo com Baldock (2007), os resíduos vegetais com uma relação C/N elevada (>40) são mineralizados muito mais lentamente do que os resíduos com uma relação C/N inferior a 40. Os materiais vegetais com baixa relação C/N satisfarão as necessidades de N da população microbiana do solo e o N extra será mineralizado e ficará disponível para a absorção pelas plantas. Zita *et al.* (2012) observaram que as taxas de decomposição dos resíduos de culturas incorporados no solo dependiam das espécies vegetais, do tipo de resíduo e da composição química; os indicadores mais importantes foram a relação C: N e a concentração de lignina.

A investigação feita por Knapp *et al.* (1983) mostrou que diferentes resíduos se decompunham a taxas diferentes e, portanto, os nutrientes presentes neles eram libertados em momentos diferentes. É bem conhecido que os compostos orgânicos que são facilmente acessíveis aos microrganismos são os primeiros a decompor-se. A síntese de células microbianas requer azoto, pelo que, para resíduos com grandes proporções de C: N devido à deficiência de azoto, a atividade microbiana é limitada. Com rácios mais elevados de C: N, a microflora natural degrada os resíduos a taxas mais lentas, pelo que, após a aplicação de fungos lignocelulolíticos eficientes, o rácio C: N diminui e, com este rácio mais baixo, a microflora natural funcionará melhor.

Quando os resíduos vegetais são devolvidos ao solo, os seus compostos orgânicos sofrem uma decomposição microbiana. A decomposição dos resíduos vegetais é um processo biológico, ou seja, a decomposição é realizada por actividades metabólicas dos organismos do solo. A sua velocidade é largamente determinada por três factores principais: os organismos do solo, o ambiente físico (temperatura, humidade, texturas do solo e níveis de oxigénio) e a qualidade dos resíduos vegetais (relações C/N e outras propriedades químicas). Os agentes químicos, físicos e biológicos transformam compostos orgânicos complexos em compostos orgânicos e inorgânicos acessíveis e disponíveis para absorção pelas plantas, melhorando assim o estado biológico, químico e físico do solo. Estas actividades influenciam positivamente a produtividade do solo e o rendimento das culturas através da melhoria da estrutura do solo e do ciclo de nutrientes. A composição dos resíduos vegetais altera-se durante a decomposição. Os produtos finais da decomposição dos resíduos vegetais incluem dióxido de carbono, água, energia, biomassa microbiana, nutrientes inorgânicos e compostos de carbono orgânico re-sintetizados, tais como húmus, fenólicos, celuloses, hemiceluloses e lenhina (Baldock, 2007).

Gaind *et al.* (2009)   avaliaram o composto de palha de trigo, dejetos de aves e torta de pinhão-manso. Verificaram que, quando a compostagem foi efectuada aerobicamente na presença de um consórcio fúngico de *Aspergillus awamori, Aspergillus nidulans, Trichoderma viride* e *Phanerochaete chrysosporium*, o rácio C:N da mistura baixou para 10:1. Assim, concluiu-se que o consórcio de fungos pode ser utilizado para melhorar a qualidade do composto e acelerar o processo de decomposição de resíduos altamente lignocelulolíticos.

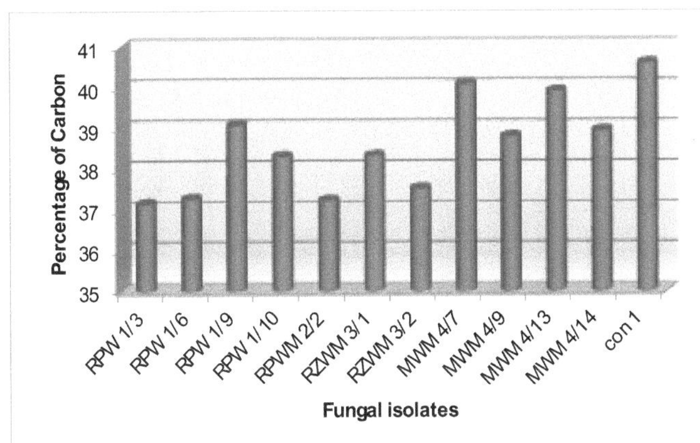

**Os dados representam a média de triplicados e os resultados são apresentados como média ± DP.*
Fig. 4.21 Percentagem de carbono no resíduo após fermentação em estado sólido

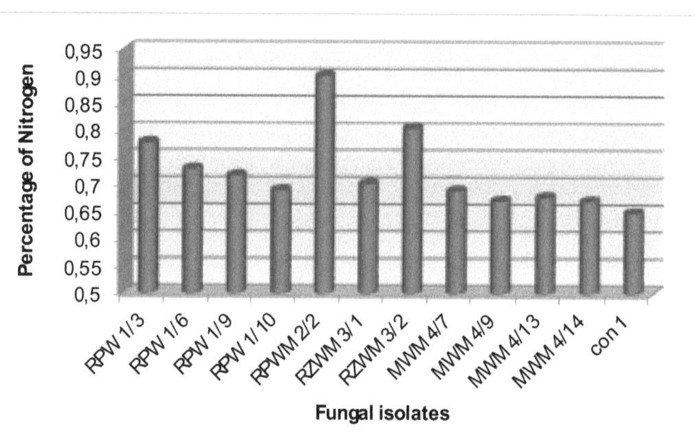

Os dados representam a média de triplicados e os resultados são apresentados como média ± DP.

Fig. 4.22 Azoto no resíduo após fermentação em estado sólido

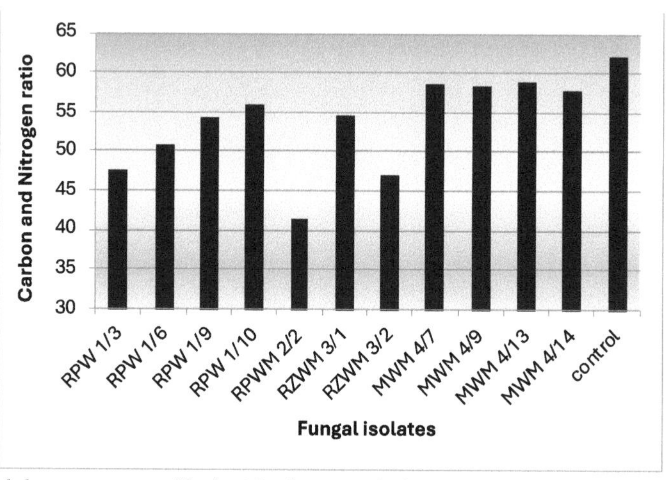

Os dados representam a média de triplicados e os resultados são apresentados como média ± DP.

Fig. 4.23 Relação carbono: azoto no resíduo após fermentação em estado sólido

No IGP da Índia, a maioria dos agricultores está a queimar resíduos de arroz para remover grandes quantidades de resíduos, a fim de estabelecer rapidamente a cultura do trigo após o arroz, mas ao descobrir a alternativa para a eliminação de resíduos na exploração agrícola, podem ser resolvidos muitos problemas associados à queima de resíduos. A palha de arroz é uma fonte potencial de alimento para os microrganismos e a aplicação de composto de palha de arroz no solo tem um impacto a longo prazo na reciclagem de nutrientes e na manutenção da fertilidade do solo (Gaind *et al.*, 2006), aumentando a densidade microbiana, a biomassa e a atividade enzimática (Hayano *et al.*, 1995). A inoculação com micróbios lignocelulolíticos pode ser uma alternativa eficaz à queima *in situ* (Kumar *et al.*, 2008) para tornar o processo de compostagem da palha de arroz economicamente viável num curto período de tempo. Embora a utilização da palha de arroz para compostagem seja a melhor alternativa para gerir este recurso, juntamente com a sua utilização para restaurar a saúde do solo (Gaind e Nain, 2007), não é prática para os agricultores que possuem uma grande área. Por conseguinte, é necessário um método de gestão *in situ* da palha.

Embora a transformação direta dos resíduos das culturas nos campos seja uma alternativa para a sua utilização rentável, a aplicação no solo de grandes doses de resíduos vegetais não decompostos pode ter efeitos desfavoráveis no crescimento sucessivo das plantas e no rendimento das culturas devido à produção de determinados aleloquímicos fitotóxicos (Chung *et al.,* 2001; Inderjit *et al.*, 2004). Por conseguinte, uma das melhores alternativas possíveis para gerir este recurso é a sua bioconversão através da ação de várias enzimas hidrolíticas produzidas por microrganismos lignocelulolíticos (Kanotra e Mathur, 1994; Vuorinen, 2000; Tuomela *et al.*, 2000). Quando os resíduos vegetais entram no solo, alguns componentes decompõem-se rapidamente, enquanto outros se decompõem lentamente. Os compostos simples, como os açúcares, os aminoácidos e os fenólicos de baixo peso molecular, são rapidamente decompostos, ao passo que as moléculas poliméricas, como as celuloses, as hemiceluloses e a lenhina, são decompostas lentamente (Berg e McClaugherty, 2003). Os materiais vegetais são basicamente compostos por componentes semelhantes, mas diferem nas suas proporções, o que influencia a decomposição dos resíduos (Hadas *et al.*, 2004). A composição bioquímica do material vegetal foi identificada por ecologistas e agrónomos como um fator decisivo na taxa de decomposição da matéria orgânica recentemente incorporada (Martens, 2000). A qualidade dos resíduos depende da espécie vegetal. Além disso, na colheita, os resíduos das culturas são compostos por materiais heterogéneos (raízes, paredes das vagens, folhas e caules) com diferentes caraterísticas bioquímicas (Magdof e Weil, 2004). As propriedades morfológicas dos resíduos afectam a decomposição e interagem com a composição bioquímica para influenciar as taxas de decomposição (Wolf e Snyder, 2003). Mesmo a decomposição de resíduos de dicotiledóneas e monocotiledóneas é diferente (Magid *et al.*, 2004). Machinet *et al.* (2009) mostraram que a cinética de mineralização do C difere acentuadamente entre os genótipos de milho.

4.7 Microscopia eletrónica de varrimento da palha tratada e não tratada

A microscopia eletrónica de varrimento é um método eficaz para observar as alterações na estrutura dos substratos lignocelulósicos. As alterações físicas da palha não tratada para a palha tratada podem ser vistas nas imagens SEM, como se mostra nas Fig. 4.25-4.29. Os feixes de fibras foram observados degradados em comparação com a palha de controlo. As alterações morfológicas também podem ser claramente observadas na Fig. 4.24. As imagens SEM mostraram que ocorreram alterações na estrutura e morfologia das fibras.

Fig. 4.24 Diferença morfológica entre o controlo e a palha tratada com fungos

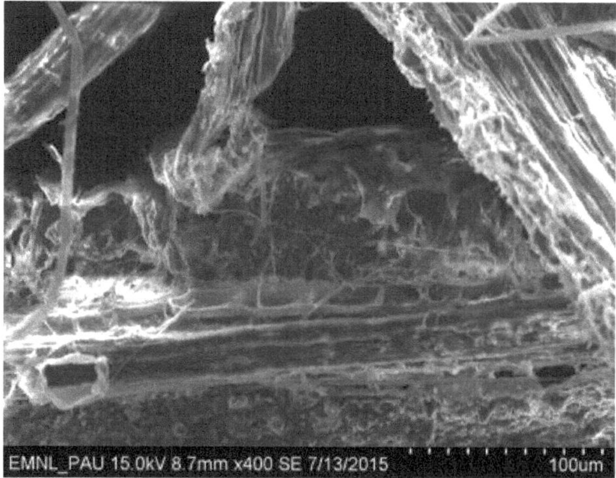

Fig. 4.25 Imagem de microscópio eletrónico de varrimento (SEM) de palha tratada com *Alternaria alternata* RZWM 3/2

Fig. 4.26 Imagem de microscópio eletrónico de varrimento (SEM) de palha tratada com *Penicillium pinophilum* RPWM 2/2

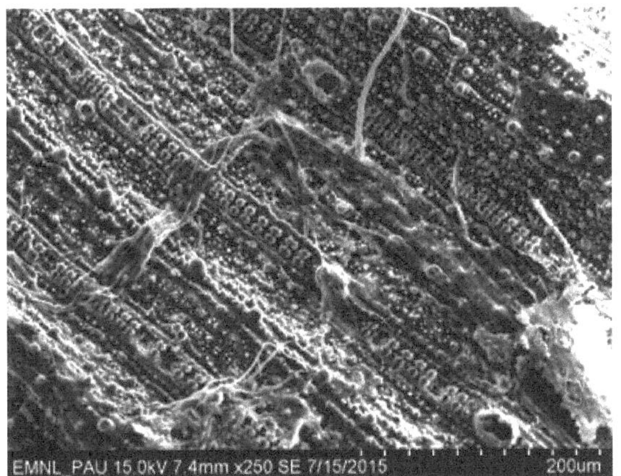

Fig. 4.27Imagem de microscópio eletrónico de varrimento (SEM) de palha tratada com *Aspergillus flavus* RPW 1/3

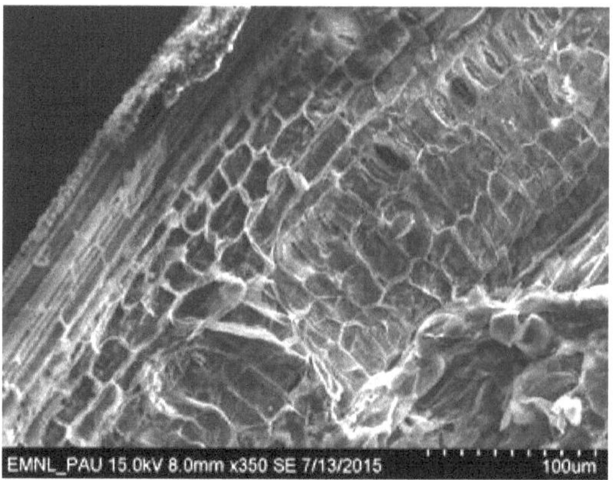

Fig. 4.28 Imagem de microscópio eletrónico de varrimento (SEM) de palha tratada com *Aspergillus terreus* RPW1/6

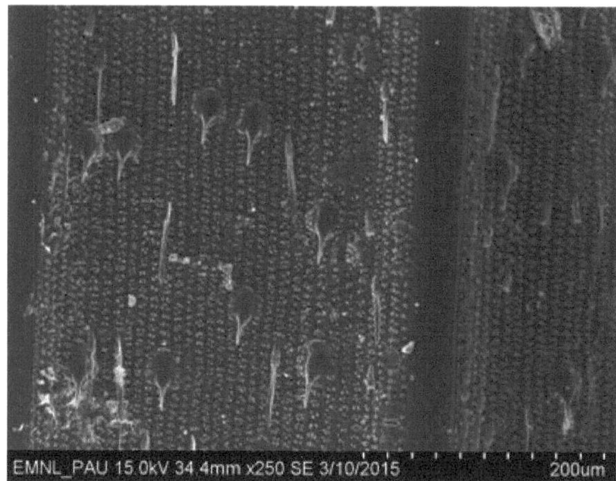

Fig. 4.29 Imagem de microscópio eletrónico de varrimento (SEM) de palha não tratada (Controlo)

4.8 Efeito dos isolados selecionados nas plantas de trigo em experiências em vasos

Todos os 11 isolados foram testados em experiências em vasos para observar a sua patogenicidade, mas nenhum deles mostrou qualquer sintoma de qualquer doença (Fig. 4.30).

Fig. 4.30 Plantas de trigo cultivadas em vasos inoculados com isolados de fungos.

Verificou-se que nenhum dos isolados apresentou efeitos adversos no desempenho do crescimento, nos atributos de rendimento e no rendimento da cultura do trigo. Os atributos de crescimento, como plantas/vaso e perfilhos efetivos/vaso, foram observados na faixa de 10-11,33 e 28,67-36,67, respetivamente. No entanto, também foram observados atributos de rendimento como o número de espiguetas/tilheiro, o comprimento da espiga, o número de grãos/espiga e o peso de 1.000 grãos, sendo que a maior parte deles foi igual ou superior ao controlo. Os dados apresentados no quadro mostram claramente que nenhum dos isolados tem qualquer impacto negativo nos atributos de crescimento e rendimento. A maior produção de trigo foi registada com *A. flavus* RPW 1/3 (61,76 gm), *A. terreus* RPW 1/6 (61,40 gm) e *A. terreus* RPW 1/9 (64,51 gm), enquanto a menor foi registada com *P. oxalicum* MWM 4/13 (47,38 gm) e controlo 1 (49,28 gm). Também se observou que nenhum dos isolados apresentava qualquer sintoma de patogenicidade na planta de trigo (fig.) e que o rendimento do trigo era significativamente semelhante e/ou superior ao dos vasos de controlo.

Quadro 4.8 Efeito de diferentes isolados nos atributos de crescimento e rendimento da cultura do trigo

Tratamentos	Plantas/ vaso	Lavrad ores efectivo s/pot	N.º de espiguet as/tilhei ro	Comp rimen to da espiga	N.º de grãos/e spiga	rendim ento/po tência (gm)	Peso de 1.000 grãos
Controlo	11.33a	31.00ab	15.00bc d	14.33a	41,87c de	49,28ef	38,64a b
Aspergillus flavus RPW 1/3	11.00ab	36.67a	15,80ab c	14.70a	44.00a bc	61.76a	41.74a

Aspergillus terreus RPW 1/6	10.33ab	34.33ab	16.20a	14.60a	43,87a bc	61.40a	40.95a
Aspergillus terreus RPW 1/9	10,67ab	36.67a	15,67abc	14.47a	43,73a bc	64.51a	40.31a
Aspergillus flavus RPW 1/10	11.33a	33,67ab	14.90bcd	14.63a	40.21ef	50.18def	37,72ab
Penicillium janthinellum RPWM 2/2	10.33ab	30.00ab	16.07ab	14.37a	44,93ab	55.42b	40.84a
Aspergillus niger RZWM 3/1	10,67ab	32.33ab	15.10abcd	13.63ab	42.00cde	53.57bcd	38.16ab
Alternaria alternata RZWM 3/2	10,67ab	30.00ab	15.20abcd	14.77a	45.50a	55.61b	43.54a
Alternaria alternata MWM 4/7	10.00b	28.67b	14.43c	14.47a	44,93ab	54.17bc	37,77ab
Penicillium oxalicum MWM 4/9	11.00ab	32.00ab	14,83cd	13.00b	39.07f	50,96cde	41.33a
Penicillium oxalicum MWM 4/13	10,67ab	28.67b	14,63cd	14.07ab	42.68bcd	47.38f	30.94b
Cladosporium cladosporioides MWM 4/14	10.33ab	32.33ab	14.30c	14.00ab	43,27abc	53.94bc	38,91ab

4.9 Identificação molecular de isolados selecionados

Dos 11 isolados analisados, 4 isolados, nomeadamente RPW 1/3, RPW 1/6, RPWM 2/2 e RZWM 3/2, apresentaram os melhores resultados em termos de degradação lenhinocelulósica na etapa 4.6 e foram identificados por sequenciação da região ITS. A pesquisa BLAST revelou 99%, 97%, 99% e 100% de semelhança com *Aspergillus flavus, Aspergillus terreus, Penicillium pinophilum* e *Alternaria alternata*, respetivamente.

As árvores filogenéticas (Fig. 4.31, 4.32, 4.33 e 4.34) de todos os isolados foram construídas com o método de união de vizinhos utilizando Clustal W.

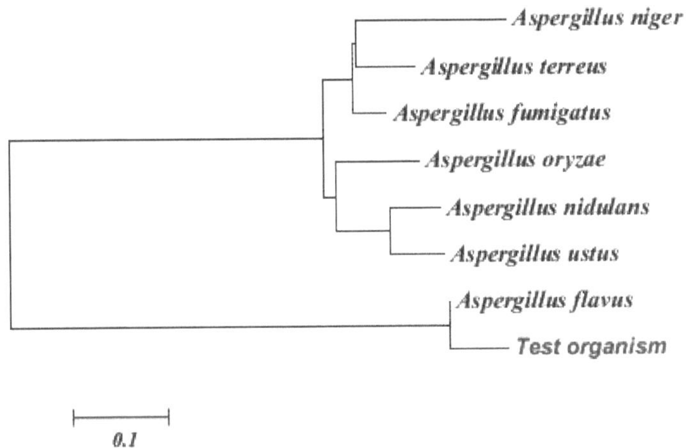

Fig. 4.31 Árvore filogenética de *Aspergillus flavus* RPW 1/3

Tabela 4.9 As melhores correspondências para a sequência derivada de RPW 1/3

Descrição	Pontuação máxima	Pontuação total	Cobertura da consulta	E valor	Identidade
A senquência de ADN genómico de Aspergilus flavus contém o gene 18S rRNA, ITS1, o gene 5.8S rRNA, ITS e o gene 28S rRNA	671	671	100%	0.0	99%
Aspergilus flavus estirpe PWQ2335 isolado ISHAM-ITS ID MITS155 18S gene do RNA ribossómico, sequência parcial; espaçador interno transcrito1, 5.8S	671	671	100%	0.0	99%
Aspergilus flavus estirpe IMC21 isolado ISHAM-ITS ID MITS121 18S gene do RNA ribossómico, sequência parcial; espaçador interno transcrito1, 5.8S	671	671	100%	0.0	99%
Aspergilus flavus estirpe IHEM 25132 isolado ISHAM-ITS ID MITS120 18S gene do RNA ribossómico, sequência parcial; espaçador interno transcrito1, 5.8S	671	671	100%	0.0	99%
Aspergilus flavus isolado KRSS-S-FBL3 gene do ARN ribossómico 18S, sequência parcial; espaçador interno transcrito1, gene do ARN ribossómico 5.8S	671	671	100%	0.0	99%

Aspergilus flavus estirpe Cellulo 6SB espaçador transcrito interno1, sequência parcial; gene do ARN ribossómico 5.8S e espaçador transcrito interno2	671	671	100%	0.0	99%
Espaçador interno transcrito1 do isolado NKD1 de Aspergilus flavus, sequência parcial; gene do ARN ribossómico 5.8S e espaçador interno transcrito2	671	671	100%	0.0	99%

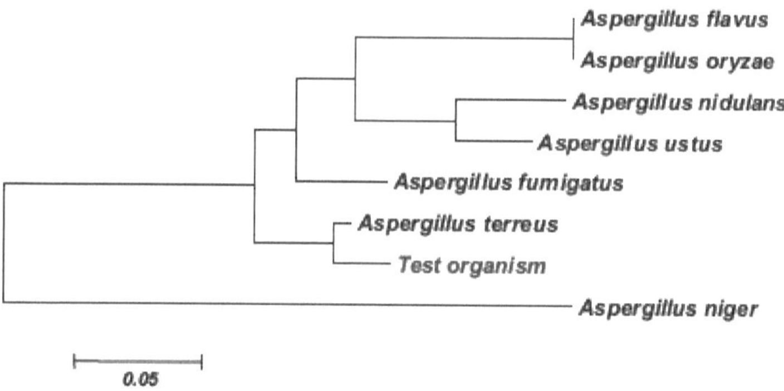

Fig. 4.32 Árvore filogenética de *Aspergillus terreus* RPW 1/6

Tabela 4.10 As melhores correspondências para a sequência derivada da RPW 1/6

Descrição	Pontuação máxima	Pontuação total	Cobertura da consulta	E valor	Identidade
Espaçador interno transcrito 1 da estirpe HA2 de Aspergilus terreus, sequência parcial; RNA ribossómico 5.8S g	817	817	100%	0.0	97%
Aspergilus terreus isolate 67A 18S ribosomal RNA gene, sequência parcial; espaçador interno transcrito	817	817	100%	0.0	97%
Aspergilus terreus isolado YF 18S ribosomal RNA gene, sequência parcial; espaçador interno transcrito	817	817	100%	0.0	97%
Aspergilus terreus estirpe AP1 espaçador transcrito interno 1, sequência parcial; RNA ribossómico 5.8S g	817	817	100%	0.0	97%

Aspergilus terreus estirpe AP4 gene do ARN ribossómico 18S, sequência parcial; espaçador transcrito interno	817	817	100%	0.0	97%
Aspergilus terreus isolado SACCR 010853 espaçador transcrito interno 1, sequência parcial; RNA ribossómico 5.8S	817	817	100%	0.0	97%
Espaçador interno transcrito 1 do isolado W79 de Aspergilus terreus, sequência parcial; ARN ribossómico 5.8S	817	817	100%	0.0	97%

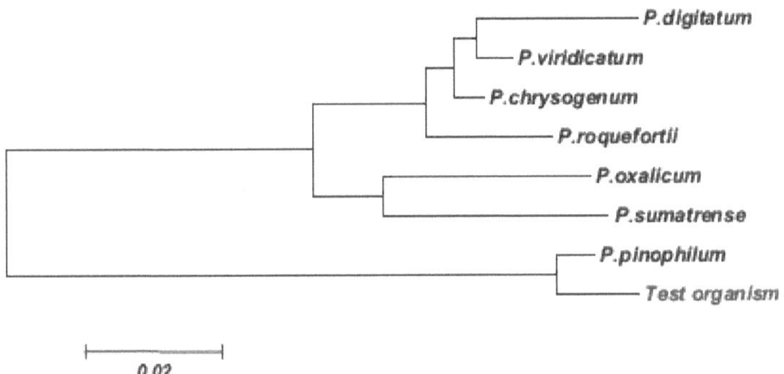

Fig. 4.33 Árvore filogenética de *Penicillium pinophilum* RPWM 2/2

Tabela 4.11 As melhores correspondências para a sequência derivada da RPWM 2/2

Descrição	Pontuação máxima	Pontuação total	Consulta de cobertura	E valor	Identidade
Penicilum pinophilum estirpe BP-H-02 gene do RNA ribossómico 18S, sequência parcial: transcrito interno	839	839	100%	0.0	99%
Talaromyces pinophilus estirpe NFML CH45 333 gene do RNA ribossómico 18S, sequência parcial; transcrito interno	835	825	100%	0.0	99%
Talaromyces pinophilus estirpe NFML CH55 426 gene do ARN ribossómico 18S, sequência parcial; transcrição interna	828	828	100%	0.0	99%
Talaromyces pinophilus isolate 250WS 18S ribosomal RNA gene, partial sequence; internal transcribed	828	828	100%	0.0	99%
Talaromyces pinophilus estirpe SDT34-4 espaçador transcrito interno 1, sequência parcial; RNA ribossómico 5.8S	828	828	100%	0.0	99%

| *Penicilum pinophilum estirpe CB39 espaçador transcrito interno 1, sequência parcial; RNA ribossómico 5.8S* | 828 | 828 | 100% | 0.0 | 99% |
| *Penicilum pinophilum estirpe CB37 espaçador transcrito interno 1, sequência parcial; RNA ribossómico 5.8S* | 828 | 828 | 100% | 0.0 | 99% |

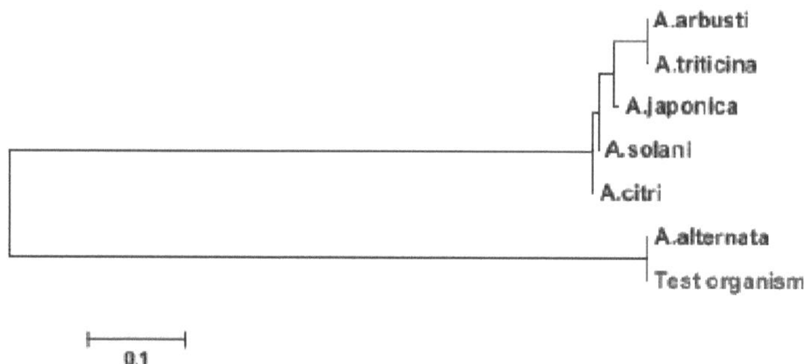

Fig. 4.34 Árvore filogenética de *Alternaria alternata* RZWM 3/2

Tabela 4.12 As melhores correspondências para a sequência derivada da RZWM 3/2

Descrição	Pontuação máxima	Pontuação total	Cobertura da consulta	E valor	Identidade
Espaçador interno transcrito 1 do isolado Y126 de Alternaria alternate, sequência parcial; gene do ARN ribossómico 5.8S e espaçador interno transcrito 2, sequência completa	795	795	100%	0.0	100%
Clone de Alternaria não cultivado 2015-4-GR66, espaçador transcrito interno 1, sequência parcial; gene do ARN ribossómico 5.8S e espaçador transcrito interno 2, sequência completa	795	795	100%	0.0	100%
Alternaria so,LS gene do ARN ribossómico 18S, sequência parcial; espaçador interno transcrito 1 e gene do ARN ribossómico 5.8S, sequência completa e transcrição interna	795	795	100%	0.0	100%
Alternaria so,TIE gene do ARN ribossómico 18S, sequência parcial; espaçador interno	795	795	100%	0.0	100%

transcrito 1 e gene do ARN ribossómico 5.8S e espaçador interno transcrito 2, sequência completa					
Alternaria so,NM gene do RNA ribossómico 18S, sequência parcial; espaçador interno transcrito 1 e gene do RNA ribossómico 5.8S, sequência completa e gene interno transcrito	795	795	100%	0.0	100%
Alternaria so,CL gene do ARN ribossómico 18S, sequência parcial; espaçador interno transcrito 1 e gene do ARN ribossómico 5.8S, sequência completa e transcrição interna	795	795	100%	0.0	100%
Alternaria so,DO gene do RNA ribossómico 18S, sequência parcial; espaçador interno transcrito 1 e gene do RNA ribossómico 5.8S, sequência completa e gene interno transcrito	795	795	100%	0.0	100%

A análise da árvore filogenética mostrou o agrupamento de RPW 1/3, RPW 1/6, RPWM 2/2 e RZWM 3/2, respetivamente, com estirpes de referência de *Aspergillus flavus*, *Aspergillus terreus*, *Penicillium pinophilum* e *Alternaria alternate* (Fig. 4.31, 4.32, 4.33 e 4.34). As sequências destes isolados foram enviadas para o NCBI GenBank com os números de acesso KR363622, KR363623, KR363624 e KT818505. As principais correspondências dos isolados foram apresentadas, respetivamente, nos quadros 4.9, 4.10, 4.11 e 4.12. Por conseguinte, a identificação morfológica dos isolados na etapa n.º 4.5 foi também confirmada pela identificação molecular através da sequenciação ITS e da análise BLAST. A identificação por sequenciação ITS confirmou ainda mais a robustez da identificação morfológica; no entanto, o isolado RPWM 2/2 foi anteriormente identificado como *Penicillium janthinellum*, mas pelo método molecular foi identificado como *Penicillium pinophilum*. A cor da colónia do isolado RPWM 2/2 observado no verso era laranja-avermelhada e as estruturas microscópicas dos conidióforos esporulados eram semelhantes a escovas nos ápices, o que é comum tanto no *Penicillium janthinellum* como no *Penicillium pinophilum* (http://www.bcrc.firdi.org.tw), razão pela qual o *Penicillium pinophilum* morfológico foi erradamente identificado como *Penicillium janthinellum*.

4.10 Interação entre os isolados selecionados

Os efeitos de interação (sinérgicos ou antagónicos) entre os isolados são muito específicos e importantes. A cultura mista de fungos pode levar a uma melhor utilização do substrato e acelerar o processo de bioconversão. Por conseguinte, este estudo foi realizado para verificar a compatibilidade entre os isolados fúngicos disponíveis. Os isolados fúngicos interagem uns com os outros de muitas maneiras, o que foi demonstrado por Molla *et al.*, (2001) que observaram cinco tipos de interações por diferentes isolados fúngicos - (A) Mistura mútua (compatível); (B) Mistura mútua parcial (parcialmente compatível); (C) (i) invasão/substituição (fase inicial), (ii) invasão/substituição (fase final); (D) inibição/ bloqueio (à distância); (E). inibição/ bloqueio (no ponto de contacto).

A interação entre quatro isolados foi observada em placas PDA (Fig. 4.35-4.40) e os resultados são apresentados no Quadro 4.13.

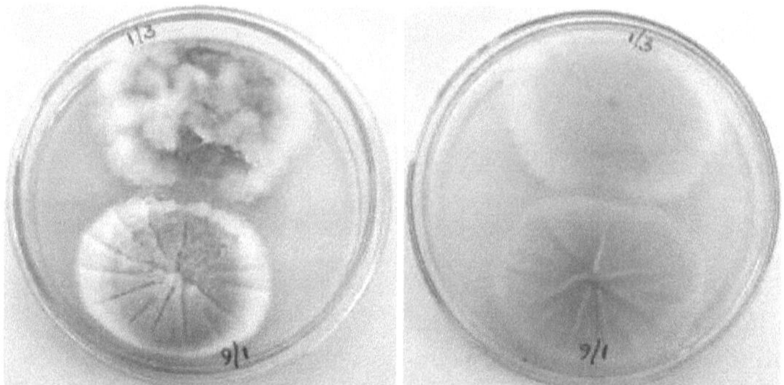

Fig. 4.35 Interação entre *Aspergillus flavus* RPW 1/3 e *Aspergillus terreus* RPW1/6

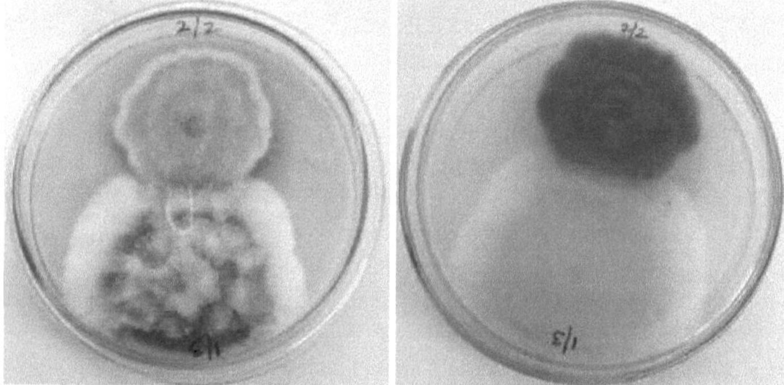

Fig. 4.36 Interação entre *Aspergillus flavus* RPW 1/3 e *Penicillium pinophilum* RPWM 2/2

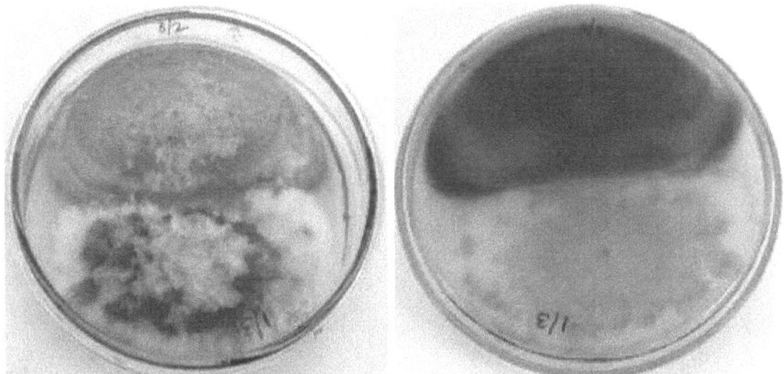

Fig. 4.37 Interação entre *Aspergillus flavus* RPW 1/3 e *Alternaria alternata* RZWM 3/2

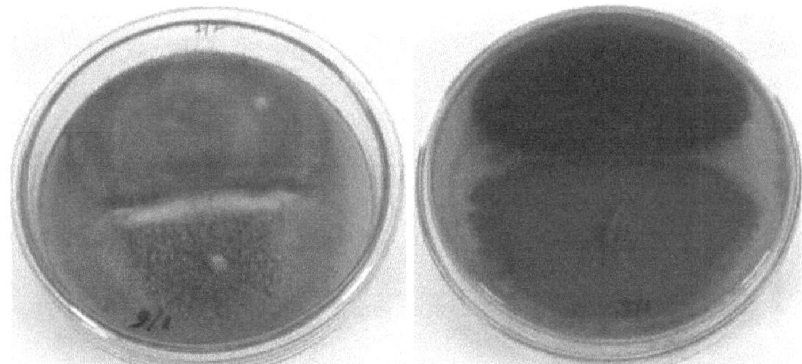

Fig. 4.38 Interação entre *Aspergillus terreus* RPW1/6 e *Penicillium pinophilum* RPWM 2/2

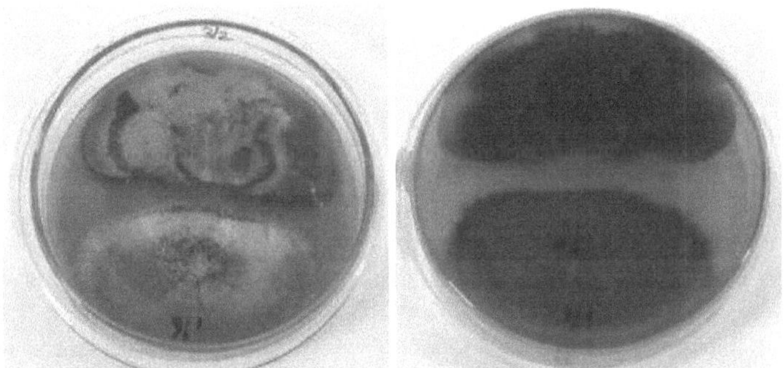

Fig. 4.39 Interação entre *Alternaria alternata* RZWM 3/2 *e Aspergillus terreus* RPW1/6

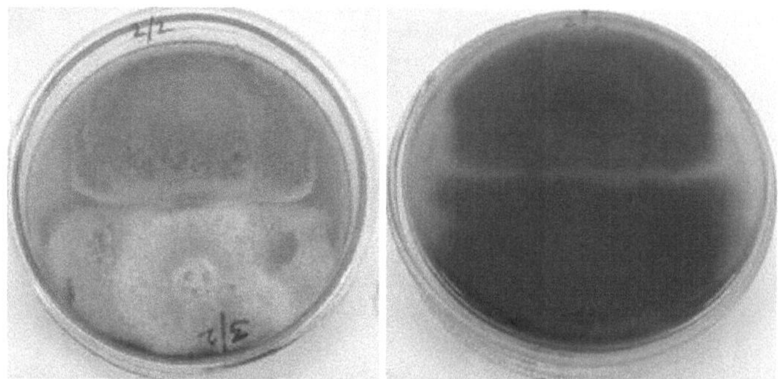

Fig. 4.40 Interação entre *Penicillium pinophilum* RPWM 2/2 e *Alternaria alternata* RZWM 3/2

Quadro 4.13 Seis interações diferentes entre quatro isolados fúngicos em placas de PDA

Isolados em interação	Tipo de interação
Aspergillus flavus RPW 1/3 *Aspergillus terreus* RPW1/6	Foi observada uma inibição do crescimento de ambos à distância (Deadlock à distância)
Aspergillus flavus RPW 1/3 *Penicillium pinophilum* RPWM 2/2	O isolado *Penicillium pinophilum* RPWM 2/2 alargou o seu crescimento a *Aspergillus flavus* RPW 1/3. Trata-se de um tipo de interação parcial de mistura mútua.
Aspergillus flavus RPW 1/3 *Alternaria alternata* RZWM 3/2	O crescimento de ambos os isolados parou no seu ponto de contacto. Trata-se de uma interação do tipo "deadlock at touching area".
Aspergillus terreus RPW1/6 *Penicillium pinophilum* RPWM 2/2	O crescimento de ambos os isolados parou no seu ponto de contacto. Trata-se de uma interação do tipo "deadlock at touching area".
Aspergillus terreus RPW1/6 *Alternaria alternata* RZWM 3/2	Foi observada uma área clara muito proeminente entre os dois isolados. Trata-se de uma interação de impasse à distância.
Penicillium pinophilum RPWM 2/2 *Alternaria alternata* RZWM 3/2	Estes isolados também mostraram uma interação de bloqueio morto à distância, mas a distância entre os isolados é menor e só pode ser vista na vista de placa invertida.

Ao observar as interações entre os diferentes isolados, verificou-se que todas as interações, exceto entre *Penicillium pinophilum* RPWM 2/2 e *Aspergillus flavus* RPW 1/3, mostraram antagonismo com diferentes tipos e extensões de interação de impasse. Pode concluir-se que o *Penicillium pinophilum* RPWM 2/2 e o *Aspergillus flavus* RPW 1/3 podem interagir sinergicamente, uma vez que mostraram um tipo de interação parcial de mistura mútua e podem ser utilizados em culturas mistas para a bioconversão de resíduos de culturas. Um tipo de resultado semelhante foi obtido por Boonyuen *et al.* (2014) num estudo de interações fúngicas. Verificaram que

Penicillium citrinum (AG 93) mostrou uma mistura mútua parcial com *A. flavus* (AG 10). De acordo com Stahl e Christensen (1992), a mistura mútua e parcial pode combinar-se numa "mistura neutra". Outros isolados podem também ser utilizados exclusivamente ou podem ser testados quanto à sua compatibilidade com alguns outros isolados microbianos.

A partir dos resultados obtidos (passos n.º 4.1 - 4.9), pode concluir-se que os isolados fúngicos têm potencial para degradar resíduos de culturas como o arroz e o trigo sem afetar o crescimento e o rendimento das culturas. Um estudo semelhante foi efectuado por Varma e Mathur (1990) para avaliar o efeito da incorporação *in situ* de palha de arroz juntamente com inoculantes microbianos no rendimento das culturas de trigo. Adicionaram um inóculo fúngico celulolítico mesofilico (*Trichoderma viride*) no solo 15 dias antes da sementeira e a bacterização das sementes também foi feita com um fixador de azoto de vida livre (*Azotobacter chroococcum*) e um solubilizador de fosfato (*Pseudomonas striata*). Verificaram que a aplicação de um único inoculante microbiano em combinação com fertilizantes produziu um efeito significativo no rendimento do trigo, mas a inoculação combinada com os três organismos teve um efeito repressivo no rendimento do trigo.

O efeito associativo de fungos celulolíticos, tais como *Aspergillus awamori* e *Aspergillus niger*, com o fixador de azoto, *Azospirillum lipoferum*, foi estudado por Darmwal e Gaur, (1988) num solo emendado com palha de arroz. O benefício máximo foi obtido com a inoculação combinada de *A. awamori* e *A. lipoferum*, seguido por *A. awamori* sozinho no rendimento de grãos e apenas inoculantes combinados na absorção de N pela cultura. No estudo de Gaind (2014), observou-se que o consórcio de fungos mineralizadores de fitato, incluindo *A. niger*, *A. flavus* e *T. harzianum*, melhorou o teor de P extraível com bicarbonato de sódio do estrume de gado (CM) e do estrume de quintal (FYM) suplementado com composto de palha de arroz em 32,3% e 23,5%, respetivamente, em comparação com o respetivo controlo não inoculado. Gaind e Nain (2007) verificaram que a inoculação mista de *A. awamori* e *T. reesei* não se revelou eficaz na melhoria das propriedades bioquímicas do solo em comparação com a inoculação única de *T. reesei*. A incorporação *in situ* de palha de arroz em combinação com a inoculação de N P$_{6060}$ e *T. reesei* pode ser usada como uma medida eficaz para a eliminação valiosa de palha de arroz e para melhorar a saúde do solo, reduzindo a fertilização mineral. Sharma e Prasad (2002) não encontraram qualquer efeito dos fungos celulolíticos *Trichrus spiralis* no rendimento do grão e da palha, na absorção de NPK e na disponibilidade de nutrientes em sistemas de cultivo de arroz-trigo.

4.11 Estudo da diversidade fúngica por metagenómica

A diversidade fúngica dos solos dos quatro cenários foi estudada pelos métodos mais recentes disponíveis, ou seja, por sequenciação de nova geração (2015).

4.11.1 Quantificação do ADN extraído

O ADN total extraído das amostras de solo foi avaliado quanto à sua pureza através do rácio de absorvância a 260 nm e 280 nm. Um rácio de ~1,8 é geralmente aceite como "puro" para o ADN. Se o rácio for sensivelmente inferior, pode indicar a presença de proteínas, fenol ou outros contaminantes que absorvem fortemente a 280 nm ou próximo desse valor, mas as nossas amostras não apresentavam contaminações (Quadro 4.14). O rácio 260/230 foi utilizado como medida secundária da pureza do ácido nucleico e os seus valores para o ácido nucleico "puro" são frequentemente mais elevados do que os respectivos valores 260/280. Os valores esperados de 260/230 situam-se geralmente na gama de 2,0-2,2. Se o rácio for consideravelmente inferior ao esperado, pode indicar a presença de contaminantes como hidratos de carbono e fenóis residuais que absorvem a 230 nm. O quadro 7 mostra valores de 260/230 do ADN comparativamente mais baixos do que o esperado, pelo que foi purificado por precipitação com etanol (lavagem do sedimento com etanol a 70%).

Quadro 4.14 Quantificação do ADN extraído do solo

Local de amostragem	Quantidade de ADN (ng/µl)	260/280	260/230	Rendimento (ng)
Cenário I	26.43	1.82	1.28	9646.95
Cenário II	20.72	1.99	1.43	7562.8
Cenário III	18.11	1.93	1.32	6610.15
Cenário IV	19.51	1.80	1.16	6926.05

4.11.2 Sequenciação do ADN extraído

A sequenciação do ADN puro foi efectuada com o sequenciador Illumina MiSeq, que pode sequenciar ADN até 600 pb. Após a sequenciação, obteve-se um total de 2,32,024 sequências de ADN dos quatro cenários. Estas sequências foram analisadas no software de alinhamento de sequências BioEdit (Fig. 4.46). O BioEdit é uma interface intuitiva de documentos múltiplos com caraterísticas convenientes que tornam o alinhamento e a manipulação de sequências relativamente fáceis num computador de secretária. As sequências de bases foram claramente vistas neste software devido às diferentes cores de A, T, G e C. O comprimento de cada sequência foi analisado e verificou-se que o comprimento mínimo era de 324 e o máximo de 600 bases. Das 2,32,024 sequências, 78,072 sequências foram submetidas ao NCBI sob a bioamostra PRJNA260467 .

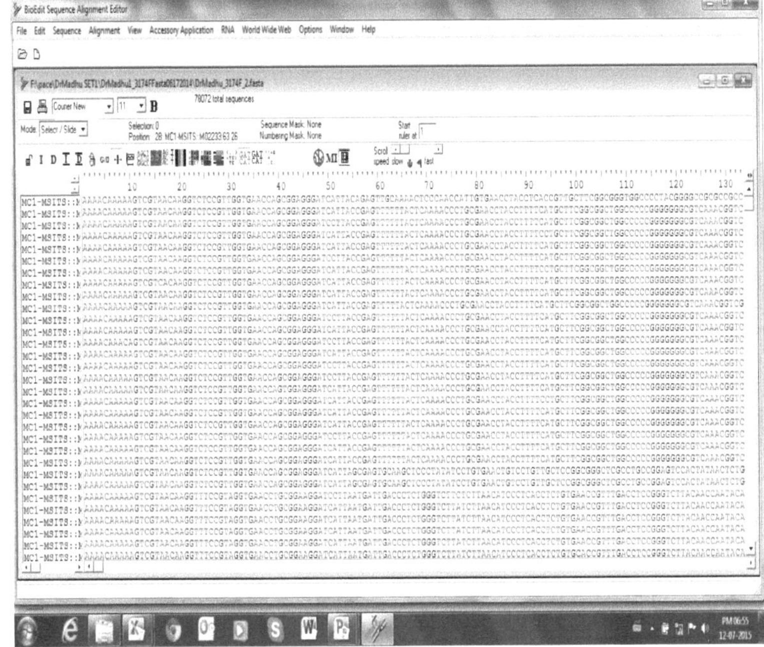

Fig. 4.41 Sequências de ADN no software de alinhamento de sequências BioEdit

4.11.3 Distribuição dos taxa em diferentes cenários

Todas estas sequências foram posteriormente processadas e analisadas no pipeline RDP. Foi efectuada uma filtragem da qualidade para excluir sequências mais curtas e de baixa qualidade. A análise baseada na taxonomia foi efectuada para conhecer a distribuição de diferentes grupos taxonómicos em diferentes cenários. Nesta RDP, a classificação taxonómica foi feita pela base de dados UNITE, que está equipada com uma interface BLAST para pesquisas rápidas de semelhanças com os registos da base de dados. Os resultados foram obtidos em diferentes níveis de taxa, ou seja, filo, classe, ordem, família, género e espécie.

4.11.3.1 Distribuição do filo

Com base nos resultados da classificação taxonómica, o número máximo de fungos foi encontrado no filo Ascomycota, seguido de Basidiomycota e Glomeromycota (quadro 4.15). Algumas sequências que correspondem a sequências de fungos, mas não ao nível em que podem ser classificadas num filo, são apresentadas na tabela como "Fungi; Unknown" (Fungos; Desconhecido). Estas podem ser de fungos que ainda não foram sequenciados ou cujas sequências não estavam registadas na base de dados até à realização deste estudo. *"No Hit"* são as sequências que não apresentam qualquer semelhança com qualquer sequência de fungos. Estas podem ser de algumas plantas inferiores que, apesar de terem sido amplificadas em certa medida na etapa de PCR pelo iniciador ITS, não se enquadram no domínio dos fungos.

Tabela 4.15 Distribuição dos filos em diferentes cenários

Filo	Sequências de ADN em números			
	Cenário I	Cenário II	Cenário III	Cenário IV
Ascomycota	17593	71765	26354	23175
Basidiomycota	306	180	1165	216
Glomeromycota	1077	174	211	957
Fungos ; Desconhecido	14	186	5	20
Sem sucesso	12765	33432	9187	7145

Ascomycota varia de 56 a 73 %, em uma ordem de aumento em Sc1< Sc2< Sc3< Sc4, mas Basidiomycota e Glomeromycota não seguiram nenhuma tendência, ambos foram encontrados em 0 a 3% (Fig. 4.47). Os nossos resultados estão de acordo com os de Klaubauf *et al.* (2010), que estudaram a diversidade fúngica em cinco tipos de solo e verificaram que todos os tipos eram dominados por Ascomycota, que estão representados por 77,7 a 88,2% dos clones nas respetivas bibliotecas, seguidos por Basidiomycota, que estão representados por 7,5 a 21,3% dos clones nas respetivas bibliotecas. Não foram encontradas sequências pertencentes a Glomeromycota. Em outro estudo com solos negros, Liu *et al.* (2015) encontraram Ascomycota como filo dominante, seguido por Basidiomycota e Zygomycota.

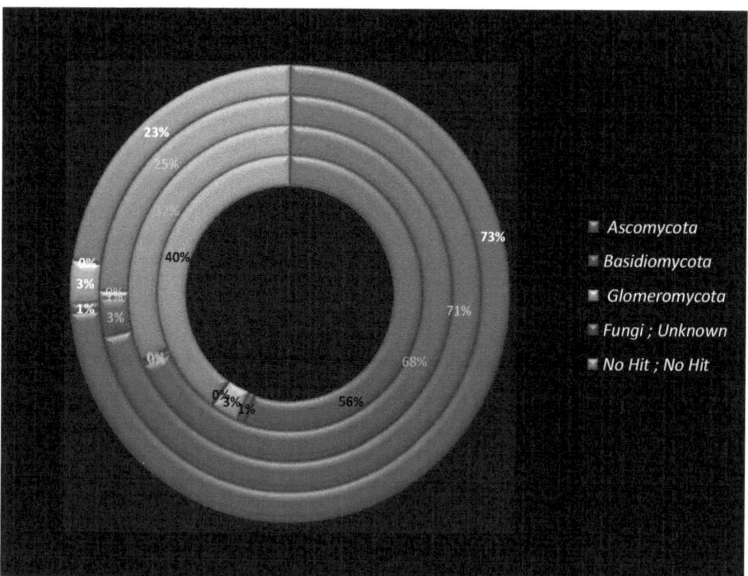

Fig. 4.42 Distribuição percentual dos filos em diferentes cenários

Embora exista uma grande quantidade de dados disponíveis sobre as comunidades fúngicas em diferentes habitats naturais do solo (Buee *et al.*, 2009; Curlevski *et al.*, 2010; Fierer *et al.*, 2007; Urich *et al.*, 2008), sabe-se muito menos sobre as comunidades fúngicas no solo agrícola (De Castro *et al.*, 2008; Lynch e Thorn, 2006; Stromberger, 2005). No presente estudo, verificou-se que a maioria das sequências fúngicas pertencia a Ascomycota, o que não é invulgar em habitats de solo sem plantas hospedeiras ectomicorrízicas (Schadt *et al.*, 2003) e está de acordo com os resultados de um local de plantação de soja (De Castro *et al.*, 2008) e de numerosos estudos que utilizam técnicas de cultivo para descrever comunidades fúngicas de solo agrícola (Domsch e Gams, 1970).

Ciccolini *et al.*, (2015) encontraram abundância de Ascomycota independentemente da intensificação agrícola. Uma dominância semelhante foi também registada em solos aráveis, prados e bosques com elevada concentração de N mineral no solo e um rácio C:N (8-12) caraterístico de matéria orgânica bem humificada (Lauber *et al.*, 2008; Orgiazzi *et al.*, 2012). (2007) e Nemergut *et al.* (2008) descobriram que a fertilização com N mineral aumentou significativamente a abundância de Ascomycota em comparação com Basidiomycota.

4.11.3.2 Distribuição das classes

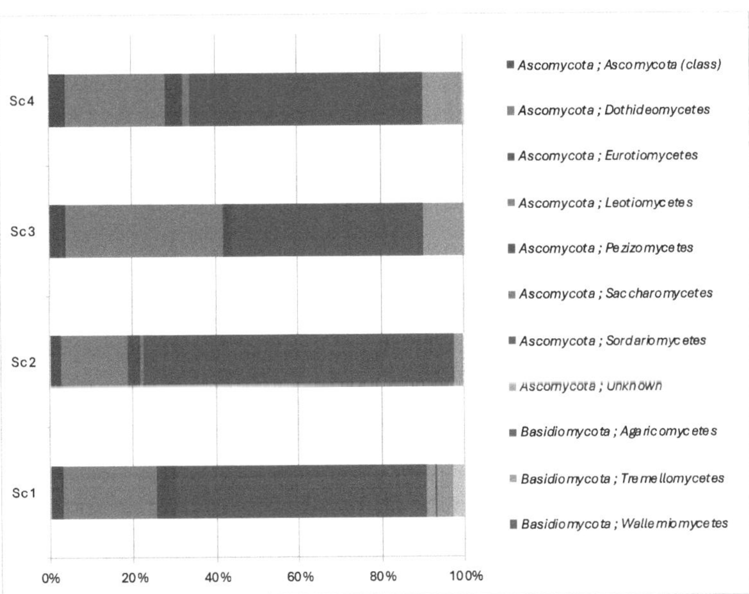

Fig. 4.43 Abundância de diferentes classes

Os filos de fungos foram ainda distribuídos de acordo com as suas respectivas classes e estas apresentaram diferentes abundâncias (Fig. 4.48). No total, foram observadas

11 classes em todos os cenários, mas estas classes não estavam distribuídas uniformemente por todos os cenários. A presença de *Letiomycetes* só foi registada nos cenários III e 4, enquanto *Pezizomycetes* só foi encontrada no cenário II. *Agaricomycetes* foi encontrado apenas nos cenários I e II. Apenas 3 fungos de *Wallemiomycetes* foram encontrados exclusivamente no cenário IV. *Sordariomycetes* foi encontrado em todos os cenários em maior abundância, seguido de *Dothideomycetes* e *Eurotiomycetes* (Anexo II). Resultados semelhantes foram encontrados por Liu *et al.* (2015), que encontraram níveis elevados de fungos pertencentes a *Tremellomycetes, Dothideomycetes, Agaricomycetes, Eurotiomycetes, Leotiomycetes, Sordariomycetes* e *Chytridiomycetes* em todas as 26 amostras de solos negros e estas classes representaram mais de 67% das sequências de fungos.

A classe Sordariomycetes é uma das maiores classes de Ascomycota, com mais de 600 géneros e 3000 espécies conhecidas (Kirk *et al.*, 2001). Inclui a maior parte dos ascomicetes não-lenhosos com ascomata peritecial (em forma de frasco) ou, menos frequentemente, cleistotecial (nãoostiolado) e ascos unitunicados ou prototunicados inoperculados (Alexopoulos *et al.*, 2004). Os membros dos Sordariomycetes são ubíquos e cosmopolitas e funcionam em quase todos os ecossistemas como agentes patogénicos e endófitos de plantas, artrópodes e mamíferos, micoparasitas e sapróbios envolvidos na decomposição e no ciclo de nutrientes.

Os Dothideomycetes representam a classe mais diversa do filo Ascomycota, com um elevado nível de diversidade ecológica (Hyde *et al.*, 2013; Egidi *et al.*, 2014). Estes são frequentemente encontrados como agentes patogénicos, infectando uma vasta gama de hospedeiros (Crous *et al.*, 2013; Hyde *et al.*, 2013), mas também como endófitos ou epífitos em plantas vivas e como sapróbios que degradam a celulose e outros hidratos de carbono complexos em matéria vegetal morta ou parcialmente digerida, em folhagem ou estrume. No entanto, os seus modos nutricionais não se limitam a associações com plantas; várias espécies são micobiontes em líquenes, enquanto outras ocorrem como parasitas noutros fungos ou animais (Shearer *et al.*, 2009; Hyde *et al.*, 2013; Perez-Ortega *et al.*, 2014; Schoch *et al.*, 2009).

A classe Eurotiomycetes (Ascomycota, Pezizomycotina) é um grupo monofilético que inclui dois clados principais de fungos ascomicetos muito diferentes: (i) a subclasse Eurotiomycetidae, um clado que contém a maior parte dos fungos anteriormente reconhecidos como Plectomycetes devido aos seus ascomatas maioritariamente fechados e ascos prototunicados; e (ii) a subclasse Chaetothyriomycetidae, um grupo de fungos que produzem ascomatas com uma abertura que faz lembrar os produzidos por Dothideomycetes ou Sordariomycetes (Geiser *et al.*, 2006). Os Eurotiomycetes são uma classe morfológica e ecologicamente muito diversa.

4.11.3.3 Distribuição das encomendas

As ordens dominantes nos quatro cenários foram Sordariales, Hypocreales e Pleosporales do filo Ascomycota (Fig. 4.49). O padrão de abundância destas três ordens foi semelhante nos quatro cenários: Sordariales > Hypocreales > Pleosporales. Resultados semelhantes foram também relatados por Klaubauf *et al.* (2010), uma vez que os cinco solos que utilizaram eram dominados pelas ordens de ascomicetos Sordariales, Hypocreales e Helotiales, os taxa que são conhecidos pelas abordagens tradicionais de cultivo como ocorrendo em solos agrícolas. Pelo contrário, no nosso estudo, os Helotiales foram muito reduzidos e só foram encontrados no cenário III (0,25%) e no cenário IV (0,06%) (Anexo II). Os membros do grupo Helotiales são considerados um dos maiores grupos de ascomicetos não formadores de líquenes, prosperando em vários ecossistemas e cobrindo uma vasta gama de nichos. Os fungos Helotiales foram descritos como agentes patogénicos para as plantas, endófitos, fungos que capturam nemátodos, micorrizas, parasitas ectomicorrízicos, parasitas fúngicos, sapróbios terrestres, sapróbios aquáticos, simbiontes de raízes e fungos que apodrecem a madeira (Wang *et al.*, 2006).

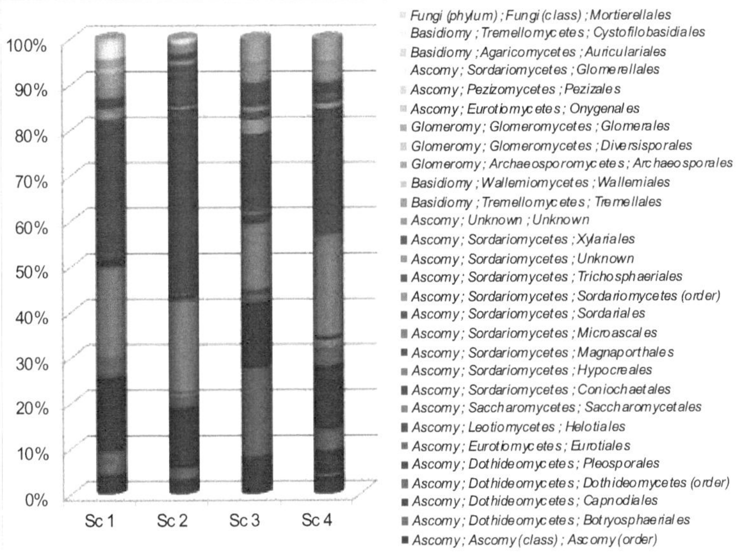

Fig. 4.44 Distribuição da encomenda

4.11.3.4 Distribuição dos géneros

O padrão de distribuição dos géneros foi diferente em todos os cenários. No cenário I (Fig. 4.50a), *Alternaria* foi o género mais abundante (13,52%) seguido de *Stachybotrys* (10%), enquanto no cenário II (Fig. 4.50b), *Podospora* (15,08%) foi o género mais abundante seguido de *Alternaria* (10,08%). No cenário III (Fig. 4.50c), *Epicoccum* (19,67%) foi o género mais abundante seguido de *Cercophora* (7,98%) e no cenário IV (Fig. 4.50d), o género desconhecido da família *Sordariaceae* (10,50%) foi o mais abundante seguido de um género desconhecido da família *Nectriaceae* (10,12%). Na análise de todos os cenários, verificou-se que *Alternaria, Cercophora* e *Epicoccum* foram mais abundantes em todos os cenários em comparação com outros géneros. Vários géneros que constituem menos de 1% da abundância das bibliotecas de sequências não são apresentados na figura (apresentada no Anexo II), mas estes taxa podem contribuir para a singularidade da composição do solo.

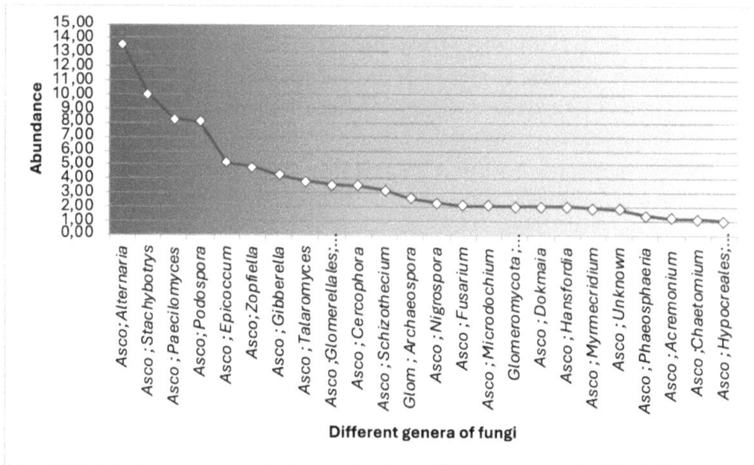

Fig. 4.45 (a) Distribuição dos géneros no cenário I

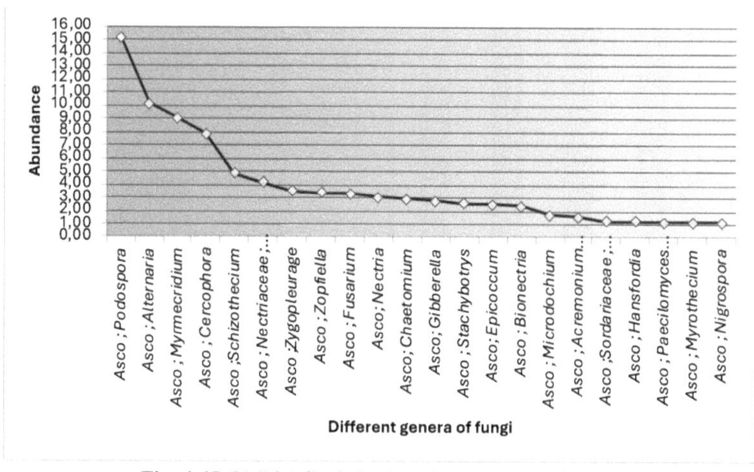

Fig. 4.45 (b) Distribuição dos géneros no cenário II

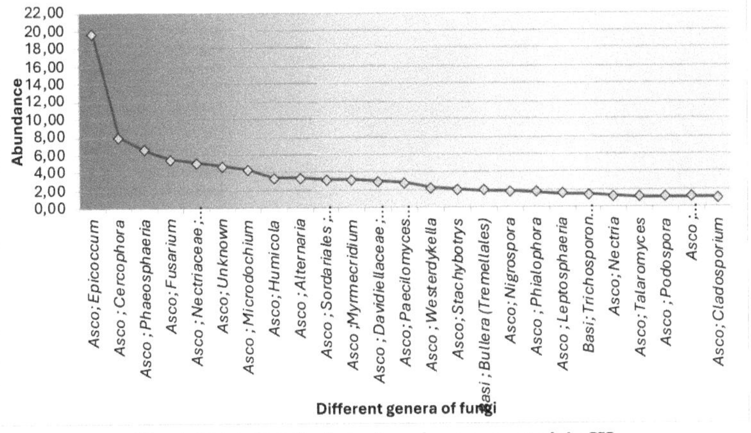

Fig. 4.45 (c) Distribuição dos géneros no cenário III

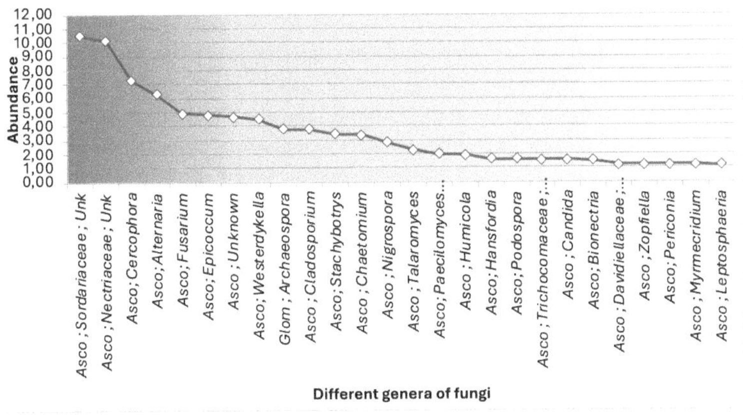

Fig. 4.45 (d) Distribuição dos géneros no cenário IV

4.11.3.5 Distribuição das espécies

A abundância relativa de diferentes espécies foi estudada em todos os cenários e verificou-se que 54, 91, 85 e 95 tipos de espécies foram encontrados, respetivamente, nos cenários I, II, III e IV, mas nas figuras (4.51a,b,c&d) apenas são representadas as espécies que têm uma abundância superior a 1 %, embora os seus pormenores sejam apresentados no Anexo II.

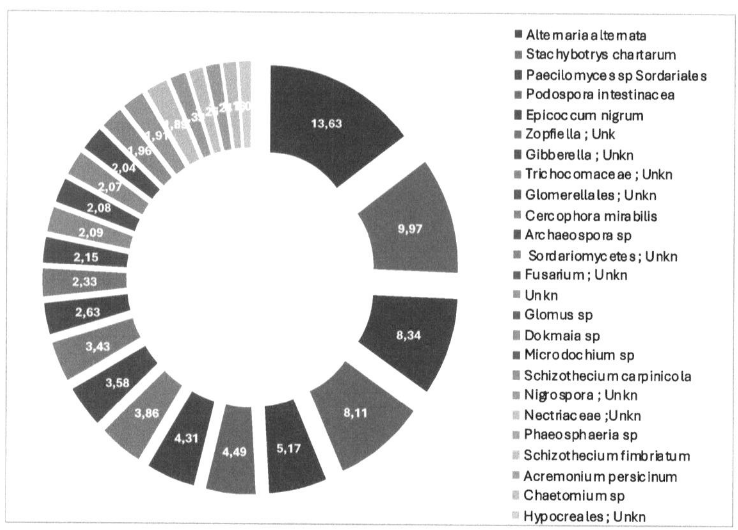

Fig. 4.46 (a) Distribuição das espécies no cenário I

No cenário I, *Alternaria alternata* (13,63%), *Stachybotrys chartarum* (9,97%) e *Paecilomyces sp Sordariales* (8,34%) foram as espécies mais abundantes (Fig. 4.51a). *Alternaria alternata* é um agente patogénico oportunista em numerosos hospedeiros, causando manchas foliares, podridões e pragas em muitas partes de plantas. *Stachybotrys chartarum* é um bolor negro que produz os seus conídios em cabeças de lodo. Encontra-se por vezes no solo e nos cereais, mas o bolor é mais frequentemente detectado em materiais de construção ricos em celulose provenientes de edifícios húmidos ou danificados pela água. Requer um elevado teor de humidade para crescer e está associado a material de gesso húmido e papel de parede (Andersen *et al.*, 2011). *Paecilomyces sp Sordariales* são os que pertencem ao género *Paecilomyces*, mas a sua classificação não é conhecida. *Paecilomyces* é um género de fungos nematófagos que mata os nemátodos nocivos por patogénese, causando doenças nos nemátodos. Por conseguinte, o fungo pode ser utilizado como bionematicida para controlar os nemátodos, aplicando-o no solo (wikipedia.org).

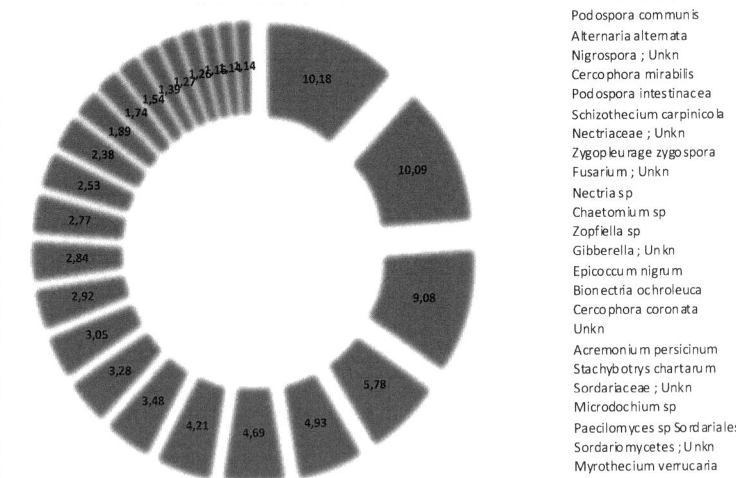

Fig. 4.46 (b) Distribuição das espécies no cenário II

No cenário II, *Podospora communis* (10,18%), *Alternaria alternata* (10,09%), *Nigrospora; Desconhecido* (9,08%) foram as espécies mais abundantes (Fig. 4.51b). *Podospora communis* é um fungo coprófilo, enquanto as espécies de *Nigrospora* se encontram principalmente em materiais lignicelulósicos em decomposição.

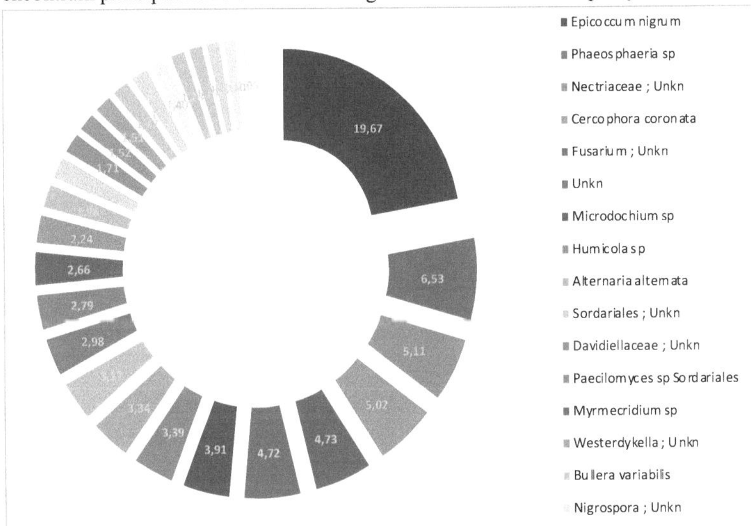

Fig. 4.46 (c) Distribuição das espécies no cenário III

Epicoccum nigrum (19,67%) é a espécie mais abundante do cenário III, seguida por *Phaeosphaeria sp* (6,53%) e *Nectriaceae; Desconhecida* (5,11%) (Fig.4.51c).

Epicoccum nigrum é um bolor saprófita com uma distribuição mundial. É comum em plantas senescentes e mortas e no solo. *As Phaeosphaeria* são patogénicas por natureza e podem causar a doença da mancha foliar em algumas culturas. Os membros das *Nectriaceae* estão normalmente associados às plantas, por vezes como parasitas, podendo também ser encontrados na companhia de outros fungos, onde podem ser parasitas ou apenas saprótrofos.

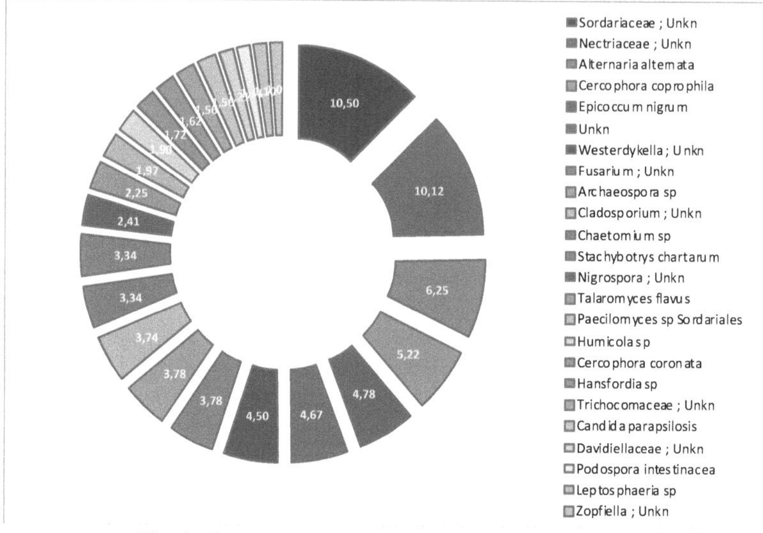

Fig. 4.46 (d) Distribuição das espécies no cenário IV

No cenário IV, *as Sordariaceae; desconhecidas* (10,50%) foram as mais abundantes, seguidas pelas *Nectriaceae; desconhecidas* (10,12) e *Alternaria alternata* (6,25%) (Fig.4.51d). A *Sordariaceae* é uma família de fungos periteciais da ordem Sordariales. A família inclui o importante organismo modelo *Neurospora crassa* que é utilizado na investigação genética. Os membros da família incluem os bolores de pão vermelho do género *Neurospora*, incluindo *Neurospora sitophila*, que é utilizado para produzir o alimento fermentado oncom. Outras espécies da família habitam excrementos de herbívoros ou partes de plantas (Alexopoulos *et al.*, 2004).

Ao registar as abundâncias destas espécies em diferentes cenários, pode concluir-se que as espécies fúngicas variaram com as diferentes formas de gestão das culturas. Muitos outros fatores também relatados por pesquisadores que influenciaram a diversidade de fungos, como topografia do local (Ehrlich *et al.*, 2015), incorporação de palha (Tardy *et al.*, 2015), pH do solo (Wang *et al.*, 2015), propriedades do solo (Ciccolini *et al.*, 2015) e fertilizantes (Hartmann *et al.*, 2015).

4.11.4 Índices de diversidade

Os índices de diversidade, como a riqueza de espécies, o índice de diversidade de Shannon-Wiener (H) e a equitabilidade (E), foram calculados com base nos dados relativos às espécies constantes do anexo II. O número máximo de espécies foi encontrado no cenário IV, seguido do cenário II, do cenário III e do cenário I. A mesma tendência foi observada para o índice de diversidade de Shannon-Wiener (quadro 4.16). A uniformidade foi mais elevada no cenário I, seguido do cenário IV, do cenário II e do cenário III. Uma maior diversidade indica uma maior estabilidade desse ecossistema. Aqui, o cenário IV, que é um cenário futurista com rotação de culturas milho-trigo-mungo em lavoura zero, mostrou a máxima estabilidade da ecologia microbiana. Outros cenários como o cenário I (sistema convencional de arroz-trigo), cenário II (arroz-trigo-mungo) e cenário III (arroz-trigo-mungo em ZT) mostraram menos diversidade em comparação com o cenário IV, como mostra a Tabela 4.16.

Tabela 4.16 Índices de diversidade de fungos nos cenários

Índices de diversidade	Cenário I	Cenário II	Cenário III	Cenário IV
Riqueza de espécies S	54	91	85	95
Índice de Diversidade de Shannon-Wiener (H)	3.22	3.49	3.34	3.54
Equilíbrio (E) = H/Hmax	0.807	0.773	0.751	0.777

Resultados semelhantes foram relatados por Lienhard (2012), que encontrou a lavoura como um fator importante que influencia as densidades bacterianas e fúngicas com diferenças significativas observadas entre os tratamentos lavrados (CT) e não lavrados (NTs e PAS). Os solos sob lavoura zero e retenção de resíduos de culturas (ZT/+R) apresentaram os níveis mais elevados de diversidade e riqueza bacteriana. Pode concluir-se que as práticas que incluem a redução da mobilização do solo e a retenção de resíduos de culturas podem ser adoptadas como práticas agrícolas mais seguras para preservar e melhorar a diversidade microbiana. Quando os resíduos de culturas são retidos, servem como uma fonte de energia contínua para os microrganismos. A retenção de resíduos de culturas à superfície também aumenta a abundância microbiana, porque os micróbios encontram melhores condições de reprodução na cobertura vegetal (Salinas-Garcia *et al.*, 2002). A retenção de resíduos de culturas resultou num aumento das populações de Actinomycetes, bactérias totais e Pseudomonas fluorescentes, tanto na lavoura zero como na lavoura convencional nas terras altas do México (Govaerts *et al.*, 2008a). Os resíduos de culturas na superfície do solo sob lavoura zero tendem a ser dominados por fungos (Hendrix *et al.*, 1986).

A diversidade microbiana, medida pelo índice de diversidade de Shannon, foi significativamente mais elevada em amostras de parcelas do sistema de plantio direto em quatro níveis taxonómicos (ordem, família, género e espécie), o que está de acordo com Ceja-Navaro (2010), que constatou que os solos sob plantio direto tinham os níveis mais elevados de diversidade microbiana em comparação com o sistema de plantio convencional. O número de esporos de micorrizas arbusculares, o comprimento de hifas activas e a concentração de glomalina são mais elevados na camada superficial do solo (0-10 cm) sob mobilização zero do que sob lavoura com placa de molde (Borie *et al.*, 2006). A mobilização reduzida combinada com a retenção de resíduos define indiretamente a composição de espécies da comunidade microbiana do solo, melhorando a retenção da humidade do solo e modificando a temperatura do solo (Krupinsky *et al.*, 2002). Ceja-Navarro (2010) verificou que os maiores valores para o conteúdo de C e N, a biomassa microbiana do solo e a diversidade microbiana foram encontrados em solos ZT/-R. Por conseguinte, conclui-se que a mobilização zero, quando combinada com a estratégia correta de gestão de resíduos e a sequência de culturas, pode aumentar a riqueza microbiana, reforçar a presença de microrganismos no solo e contribuir para o equilíbrio entre micróbios benéficos e agentes patogénicos para as plantas, contribuindo assim para a sustentabilidade das práticas agrícolas.

Vários estudos mostraram que a composição e a funcionalidade da comunidade fúngica do solo são afectadas por alterações no ambiente do solo devido a intensificações do uso da terra e por factores edáficos (Bardgett *et al.*, 2005). As abundâncias e as comunidades de fungos do solo são sensíveis à intensificação das práticas de gestão, como a lavoura, a aplicação de herbicidas (García-Orenes *et al.*, 2013), a fertilização mineral (Bardgett *et al.*, 1996) e a adição de estrume (Bittman *et al.*, 2005), com efeitos negativos nas funções e nos serviços dos agroecossistemas fúngicos (Bardgett *et al.*, 2005).

Foi relatado (Sharma *et al.*, 2013) que as actividades enzimáticas do solo como a glucosidase (54,5%), a urease (88,8%), a fosfatase ácida (97,4%) e a fosfatase alcalina (85,3%) aumentaram significativamente sob a lavoura de conservação em comparação com os campos de lavoura convencional. As enzimas do solo são consideradas como um indicador da fertilidade do solo (Dick, 1997; Knight e Dick, 2004; Tischer, 2005). Verificou-se que a atividade enzimática do solo, devida à microflora do solo, aumentou a produtividade das culturas durante a lavoura de conservação. Isso pode ser devido ao aumento do metabolismo microbiano em termos de respiração do solo e renovação da matéria orgânica do solo (Mohanty *et al.*, 2007). A atividade enzimática do solo estava diretamente relacionada com a atividade microbiana do solo, o que aumentou ainda mais a fertilidade do solo (Gaind e Nain, 2010).

Existem muito poucos estudos disponíveis sobre a diversidade fúngica, uma vez que a maioria das espécies fúngicas permanece não cultivada; no presente estudo, tentámos explorar a diversidade com a tecnologia de sequenciação Miseq illumina, utilizando a região ITS1 (Internal Transcribed Spacer 1), a fim de avaliar o efeito da gestão do sistema de cultivo na diversidade fúngica do solo. Os resultados mostraram que diferentes cenários, que têm diferentes práticas de gestão, afectam a abundância e a diversidade da microflora fúngica do solo. O cenário IV, que tem sistemas baseados na agricultura de conservação, apresentou a maior diversidade e riqueza de espécies, seguido do cenário II, cenário III e cenário I. Um resultado comum encontrado foi que Ascomycota foi o filo dominante nos quatro cenários, mas a sua abundância foi maior no cenário IV do que nos outros cenários. Ascomycota é o filo cujos membros são principalmente saprófitas e responsáveis pela degradação da lignocelulose. Neste estudo, membros do Ascomycota como os isolados *A. flavus* RPW 1/3, *A. terreus* RPW 1/6, *Alternaria alternata* RZWM 3/2 e *P. janthinellum* RPWM 2/2 apresentaram resultados muito promissores de degradação lenhinocelulósica e podem ser utilizados no futuro para a gestão *in situ* de resíduos de culturas.

5. RESUMO E CONCLUSÃO

No presente estudo, procurou-se explorar estratégias de gestão de resíduos de culturas ecológicas, de baixo custo e facilmente adoptáveis, utilizando isolados de fungos como alternativa à queima de resíduos de culturas (RC). Um total de 72 espécies de fungos foram isoladas em PDA, CDA e RBA de solos com sistemas de gestão de culturas baseados na agricultura de conservação (CA). O rastreio primário destes 72 isolados foi efectuado através da formação de zonas em placas de ágar de carboximetilcelulose e ácido tânico. Foi calculada a razão entre os diâmetros da zona clara e da colónia (I_{CMC}) em placas de CMC). Os isolados com $I_{CMC} > 0,5$ (independentemente da zona em placas de meio de ácido tânico) e os isolados com uma zona castanha escura muito boa foram selecionados para um rastreio secundário adicional em fermentação em estado líquido. Dos 72, 19 isolados RPW1/1, RPW1/3, RPW1/6, RPW1/8, RPW1/9, RPW1/10, RPWM2/2, RPWM2/4, RPWM2/5, RZWM3/1, RZWM3/2, RZWM3/4, MWM4/5, MWM4/6, MWM4/7, MWM4/8, MWM4/9, MWM4/13 e MWM4/14 foram selecionados para a estimativa quantitativa da atividade enzimática em caldo alterado com pó de palha de arroz-trigo na proporção de 4:1 como fonte de carbono. Com base no potencial de produção de diferentes enzimas (celobiase, CMCase, FPase e xilanase) dos 19 isolados fúngicos, 11 foram selecionados para estudos adicionais em fermentação em estado sólido.

Os 11 isolados selecionados (RPW 1/3, RPW 1/6, RPW 1/9, RPW 1/10, RPWM 2/2, RZWM 3/1, RZWM 3/2, MWM 4/7, MWM 4/9, MWM 4/13, MWM 4/14) foram identificados pelas suas caraterísticas morfológicas e culturais. Verificou-se que os 11 isolados selecionados pertenciam, no total, a quatro géneros, ou seja, *Aspergillus, Alternaria, Penicillium* e *Cladosporium.* O género *Aspergillus* tinha três espécies, *Aspergillus flavus* (isolado RPW 1/3 e RPW 1/10), *Aspergillus terreus* (isolado RPW 1/6 e RPW 1/9) e *Aspergillus niger* (isolado RZWM 3/1), o género *Alternaria* tinha uma espécie, *Alternaria alternata* (isolado RZWM 3/2 e MWM 4/7), O género *Penicillium* tinha duas espécies como *Penicillium janthinellum* (isolado RPWM 2/2) e *Penicillium oxalicum* (isolado MWM 4/9 e MWM 4/13) e *Cladosporium* tinha uma espécie *Cladosporium cladosporioides* (isolado MWM 4/14).

Na fermentação em estado sólido, foi utilizada palha mista de arroz e trigo como substrato. Foram estimadas diferentes actividades de enzimas lignocelulíticas, nomeadamente celobiase, CMCase, Fpase, xilanase e lacase, nos extractos fermentados. *Penicillium janthinellum* RPWM 2/2 apresentou uma atividade máxima de CMCase (3,79 UI/g de substrato), Fpase (1,11 UI/g de substrato) e Xilanase (17,53 UI/g de substrato). *A Alternaria alternata* RZWM 3/2 apresentou a atividade mais elevada de celobiase (1,79 UI/g) e a atividade de lacase foi registada ao máximo pelo *Aspergillus terreus* RPW 1/6 (5,74 CU/g), o que foi significativamente semelhante ao *A. alternata* RZWM 3/2 (5,28 CU/g).

A perda de massa seca da palha de arroz-trigo foi estudada e verificou-se que a perda máxima de massa seca foi alcançada com os isolados *A. flavus* RPW 1/3 (31%), seguido de *A. terreus* RPW 1/6 (29%), *A. alternata* RZWM 3/2 (26%) e *P. janthinellum* RPWM 2/2 (21%). A palha de trigo-arroz também foi analisada quanto a alterações nos parâmetros bioquímicos antes e depois da fermentação. Verificou-se que a percentagem de celulose e hemicelulose diminuiu significativamente na palha fermentada (Quadro 4.6). A celulose mais baixa (32,06%) foi observada na palha tratada com *Penicillium janthinellum* RPWM 2/2. A celulose também foi considerada comparativamente baixa, ou seja, 33,80 e 32,74 %, nas palhas tratadas com *Aspergillus flavus* RPW 1/3 e *Aspergillus terreus* RPW 1/6, respetivamente. A hemicelulose foi a mais baixa e significativamente igual na palha tratada com *Aspergillus terreus* RPW 1/6 (15,90%), *Penicillium janthinellum* RPWM 2/2 (15,20%) e *Penicillium oxalicum* MWM 4/9 (16,22). Para além da percentagem dos constituintes da parede celular, a sua percentagem de perda também foi calculada e a perda máxima de celulose foi observada por *Aspergillus terreus* RPW 1/6 (42,06%) e *Aspergillus flavus* RPW 1/3 (41,90%), seguidos por *Penicillium janthinellum* RPWM 2/2 (37,10%) e *Alternaria alternata* RZWM 3/2 (33,31%). A hemicelulose foi perdida ao máximo por *Aspergillus terreus* RPW 1/6 (44,69%), seguido por *Penicillium janthinellum* RPWM 2/2 (41,38%), *Aspergillus flavus* RPW 1/3 (36,95%) e *Alternaria alternata* RZWM 3/2 (31,01%). A perda de lignina foi observada no máximo por *Alternaria alternata* RZWM 3/2 (16,52%), seguida por *Aspergillus flavus* RPW 1/3 (15,23%), *Aspergillus terreus* RPW 1/9 (13,65) e *Aspergillus flavus* RPW 1/10 (12,74%).

O carbono, o azoto e a sua relação foram também estimados na palha tratada com fungos e seca, juntamente com as amostras de controlo. Os isolados RPW 1/3, RPW 1/6, RPWM 2/2 e RZWM 3/2 apresentaram praticamente o mesmo C (37%) e o mais baixo. O N foi mais elevado (0,90%) na amostra tratada com RPWM 2/2, seguido de RZWM 3/2 (0,81%) e RPW 1/3 (0,78%). Após um estudo comparativo das actividades enzimáticas, da perda de massa seca, dos constituintes da parede celular e da sua perda, verificou-se que quatro isolados fúngicos (RPW 1/3, RPW 1/6, RPWM 2/2 e RZWM 3/2) apresentaram melhores resultados do que outros isolados. Estes quatro isolados foram identificados por sequenciação da região ITS como *Aspergillus flavus*, *Aspergillus terreus*, *Penicillium pinophilum* e *Alternaria alternata*.

Foram estudadas as interações entre os diferentes isolados (*Aspergillus terreus* RPW 1/6, *Aspergillus flavus* RPW 1/3, *Penicillium janthinellum* RPWM 2/2 e *Alternaria alternata* RZWM 3/2) e apenas *Penicillium pinophilum* RPWM 2/2 e *Aspergillus flavus* RPW 1/3 mostraram uma interação sinérgica (mistura mútua parcial). Foi também realizada uma experiência em vaso para descobrir quaisquer efeitos adversos dos isolados. Verificou-se que nenhum destes isolados apresentava qualquer sintoma de doença. Os resultados sugerem as possibilidades de isolados fúngicos como componente de estratégias baseadas em micróbios para a gestão de resíduos agrícolas para um ambiente limpo e seguro.

A diversidade da microflora fúngica foi estudada pelo método mais recente disponível, ou seja, por sequenciação NGS. Com base nos estudos de diversidade, verificou-se que o número máximo de fungos foi encontrado no filo Ascomycota seguido por Basidiomycota e Glomeromycota, esta tendência foi seguida em todos os quatro cenários. Ascomycota varia de 56 a 73%, numa ordem de aumento no cenário

I< cenário II < cenário III < cenário IV mas Basidiomycota e Glomeromycota não seguiram qualquer tendência; ambos foram encontrados entre 0 a 3%. No total, 11 classes foram observadas em todos os cenários, mas essas classes não foram distribuídas uniformemente entre todos os cenários. As ordens dominantes nos quatro cenários foram Sordariales, Hypocreales e Pleosporales do filo Ascomycota. O padrão de abundância destas três ordens foi semelhante nos quatro cenários: Sordariales > Hypocreales > Pleosporales. A abundância relativa de diferentes espécies foi estudada em todos os cenários e verificou-se que 54, 91, 85 e 95 tipos de espécies foram encontrados, respetivamente, nos cenários 1, 2, 3 e 4. No cenário I, *Alternaria alternate* (13,63%), *Stachybotrys chartarum* (9,97%) e *Paecilomyces sp Sordariales* (8,34%) foram as espécies mais abundantes. No cenário II, *Podospora communis* (10,18%), *Alternaria alternate* (10,09%), *Nigrospora; Unkn* (9,08%) também foram as espécies mais abundantes. *Epicoccum nigrum* (19,67%) foi a espécie mais abundante do cenário III, seguida por *Phaeosphaeria sp* (6,53%) e *Nectriaceae; Unkn* (5,11%). No cenário IV, as espécies desconhecidas de *Sordariaceae* (10,50%) foram as mais abundantes, seguidas pelos membros de *Nectriaceae* (10,12) e *Alternaria alternate* (6,25%). O valor mais alto (3,54) do índice de diversidade de Shannon-Wiener foi encontrado no cenário IV, seguido pelo cenário II (3,49), cenário III (3,34) e cenário I (3,22).

Pode concluir-se que as diferentes práticas agrícolas influenciaram a diversidade de fungos. Diferentes cenários tinham diferentes práticas de gestão e, pelo seu efeito e influência, o número máximo de espécies foi encontrado no cenário IV, seguido do cenário II, do cenário III e do cenário I. Os isolados fúngicos *A. flavus* RPW 1/3, *A. terreus* RPW 1/6, *Alternaria alternata* RZWM 3/2 e *P. janthinellum* RPWM 2/2 mostraram um maior potencial de degradação, como ficou evidente pela perda de massa seca superior a 20%. Estes isolados podem ser utilizados depois de observadas as suas respostas de interação em consórcios. A utilização de micróbios autóctones para a degradação da RC pode complementar ainda mais o solo com matéria orgânica, o que, em última análise, se reflectiria no aumento da fertilidade do solo, para além do seu arejamento, porosidade e melhoria da eficiência dos nutrientes. Assim, a utilização de estirpes de fungos autóctones pode revelar-se um método biológico, ecológico e económico para a degradação da palha de arroz.

6. REFERÊNCIAS

Abdel-Fatah1 OM, Hassan MM, Elshafei AM, Haroun BM, Atta HM, Othman AM (2012). Estudos fisiológicos sobre a formação de carboximetilcelulase por *aspergillus terreus* DSM 826. *Braz J Microbiol.* 43(1):1-11.

Abd-Elzaher FH e Fadel M (2010). Produção de Bioetanol através da Sacarificação Enzimática de Palha de Arroz por Celulase Produzida por *Trichoderma Reesei* sob Fermentação em Estado Sólido. *New York Sci.* 3:72-78,

Abdulla HM e El-Shatoury SA (2007). Actinomicetos na decomposição da palha de arroz. *Gestão de Resíduos.* 27(6): 850-853.

Adav SS, Li AA, Manavalan A, Punt P e Sze SK (2010). A análise quantitativa do secretomaiTRAQ de *Aspergillus niger* revela novas enzimas hidrolíticas. *J Proteome Res.* 9, 3932-3940

Adedji FO (1986). Effects of fertilizers on microbial decomposition of leaf litter of a regenerating bush fallow in subtropical Nigeria. *Agr Ecosys and Environ.* 18:155-166.

Adsul MG, Terwadkar AP, Varma AJ e Gokhale DV (2014). Celulases de *Penicillium janthinellum* mutante: Produção em estado sólido e sua estabilidade em líquidos iónicos. *Bioresources.* 4(4):1670-1681.

Ainsworth GC e Bisby GR (1995). Dictionary of the fungi, Commonwealth Mycological Institute Kew, Surrey, 445.

Alexopoulos CJ, Mims CW e Blackwell M (2004). *Introductory Mycology, 4th ed.* (John Wiley and Sons, Hoboken NJ, ISBN 0-471-52229-5

Ali SH, Alias SA, Siang HY, Smykla J, Pang KL, Guo SY e Convey P (2013). Estudos sobre a diversidade de microfungos do solo na área de Horsund, Spitsbergen. *Polar Res* .34: 39-54.

Allison SD, Hanson CA, Treseder KK (2007). A fertilização com azoto reduz a diversidade e altera a estrutura da comunidade de fungos activos em ecossistemas boreais. *Soil Biol Biochem.* 39:1878-1887.

Al-Najada AR e Gherbawy YA (2015). Identificação molecular de fungos de deterioração isolados de frutas e legumes e seu controle com quitosana. *Food Biotech.* 29(2): 166-184.

Alvarez NM, Reyna LGE, Flores GA, Lopez GR e Martinez PMM (2015). Seleção e identificação molecular de isolados fúngicos que produzem enzimas xilanolíticas. *Genética e Res. Molecular.* 14(3): 8100-8116.

Alvey S, Yang CH, Buerkert A e Crowley DE (2003). Efeitos da rotação cereais/leguminosas na estrutura da comunidade bacteriana da rizosfera em solos da África Ocidental. *Biology and Fert. of Soil.* 37: 73-82.

Andersen B, Frisvad JC, Søndergaard I, Rasmussen IS e Larsen LS (2011). Associações entre espécies de fungos e materiais de construção danificados pela água. *Appl Envir Micro*. 77: 4180-4188.

Anderson IC, Campbell CD e Prosser JI (2003). Potencial enviesamento dos iniciadores da reação em cadeia da polimerase do espaçador interno transcrito e do rDNA 18S dos fungos para estimar a biodiversidade fúngica no solo. *Envir Micro*. 5: 36-47.

Andreae MO e Merlet P (2001). Emission of trace gases and aerosols from biomassburning. *Glob.Biogeochem. Cycles*,15: 955-966.

AOAC (1995). Official Methods of Analysis (16th Ed). *Association of Official Analytical Chemists*, Arlington VA.

Arantes V, Milagres AMF, Filley TR e Goodell B (2010). Polissacáridos lignocelulósicos e degradação da lenhina por fungos de decomposição da madeira: a relevância das reacções não enzimáticas baseadas em Fenton. *J Indust Micro Biotech*. 38: 541-555.

Arora DS e Gill PK (2005). Produção de enzimas ligninolíticas por Phlebia floridensis. *World J Microbiol Biotechnol*. 21:1021-1028.

Atlas RM e Bartha R (1998). Ecologia Microbiana: Fundamentals and Applications. Benjamin/Cummings, Redwood City, CA. 694.

Aulakh MA, Doran JW, Walters DT, Mosier AR e Francis DD (1991). Tipo de resíduos de culturas e efeitos de colocação na desnitrificação e mineralização. *Soil Sci Soc Am J*.55: 1020-1025.

Awasthi A, Agarwal R, Singh N, Gupta, PK e Mittal SK (2011). Estudo da distribuição de tamanho e massa de material particulado devido à queima de resíduos de culturas com variação sazonal na área rural de Punjab, Índia. *J Envir Monitor*. 13: 1073-1081.

Baath E (2003). A utilização de ácidos gordos lipídicos neutros para indicar as condições fisiológicas dos fungos do solo. *Microbiol Eco*. 45: 373-383.

Babujia LC, Hungria M, Franchini JC e Brookes PC (2010). Biomassa e atividade microbiana em várias profundidades do solo em um Oxisol brasileiro após duas décadas de plantio direto e preparo convencional. *Soil Biol. Biochem*. 42: 2174-2181.

Bailey BA e Lumsden RD (1998). Diret efects of Trichoderma and Gliocladium on plant growth and resistance to pathogens. in Trichoderma & Gliocladium-Enzymes. Eds- Harman GF e Kubicek CP, *Biol Cont Commercial Applications*. (2): 327-342.

Baldock JA (2007). Composition and Cycling of Organic Carbon in Soil (Composição e ciclo do carbono orgânico no solo). *Soil Biol and Biochem,* 10: 1-35.

Baldrian P (2006). Fungal laccases - occurrence and properties. *FEMS Microbiol Rev,* 30:215-242.

Balesdent J, Chenu C e Balabane M (2000). Relação da dinâmica da matéria orgânica do solo com a proteção física e a mobilização do solo. *Soil Till Res.* 53: 215-230.

Banakar SP, Thippeswamy B, Thirumalesh BV e Naveenkumar KJ (2012). Diversidade de fungos do solo na floresta decídua seca do Santuário de Vida Selvagem de Bhadra, Ghats ocidentais do sul da Índia. *J Forestry Res.* 23(4): 631-640.

Bardgett RD, Hobbs PJ e Frostegård Å (1996). Alterações nos fungos do solo: rácios de biomassa bacteriana na sequência de reduções na intensidade da gestão de uma pastagem de montanha. *Biol Fert. Soil.* 22: 261-264.

Bardgett RD, Usher MB e Hopkins DW (2005). Biological diversity and function in soils. Cambridge University Press, Cambridge

Bärlocher F (2010). As abordagens moleculares prometem uma compreensão mais profunda e alargada da ecologia evolutiva dos hifomicetas aquáticos. *J N Am Benthol Soc.* 29: 1027-1041.

Baruah TC e Barthakur HP (1999). A text book of soil analysis. Vikas Publishing House: Nova Deli.

Bayer EA, Belaich JP, Shoham Y e Lamed R (2004). Os celulossomas: máquinas multienzimáticas para a degradação de polissacáridos de paredes de células vegetais. *Annu Rev Microbiol.* 58: 521-554.

Beg QK, Kapoor M, Mahajan L e Hoondal GS (2001). Microbial xylanases and their industrial application: a review. *Applied Microbiology and Biotech*, 56: 326-338.

Beguin P e Aubert JP (1994). The biological degradation ofcellulose. *FEMS Microbiol Rev.* 13: 25-58.

Bennett JW, Wunch KG e Faison BD (2002). Utilização de fungos na biodegradação. In: Hurst CJ, editor. Manual of Environmental Microbiology. Washington DC: AMS press. 960-971.

Berg B e McClaugherty C (2003). Plant litter: Decomposition, humus formation, carbon sequestration. (Springer: Berlim, Alemanha).

Beri V, Sidhu BS, Bhat GS e Singh BP (1992). Nutrient balance and soil properties as affected by management of crop residues. Em M. S. Bajwa, et al. (Eds.), Nutrient management for sustained productivity (vol. II, pp. 133-135). *Actas do Simpósio Internacional.* Ludhiana, Índia: Departamento de Solos, Universidade Agrícola de Punjab.

Bhat MK (2000). Cellulases and related enzymes in biotechnology. *Biotechnology Advances.* 18(5): 355-383.

Bhattacharyya R, Das TK, Sudhishri S, Dudwal B, Sharma AR, Bhatia A e Singh G (2015). Efeitos da agricultura de conservação na acumulação de carbono orgânico do solo e na produtividade das culturas sob um sistema de cultivo de arroz-trigo nas planícies indo-gangéticas ocidentais. *Europ J Agro.* 70: 11-21.

Bijay Singh, Yadvinder S, Imas P e Xie JC (2004). Nutrição de potássio do sistema de cultivo de arroz-trigo. *Adv Agro.* 81: 203-259.

Bittman S, Forge TA e Kowalenko CG (2005). Respostas da biomassa bacteriana e fúngica num solo de pastagem a aplicações plurianuais de estrume de vaca e fertilizante. *Soil Biol Biochem.* 37: 613-623.

Blanco-Canqui H e Lal R (2007). Resposta do solo e das culturas à colheita de resíduos de milho para a produção de biocombustíveis. *Geoderma.* 141: 355-362.

Blanco-Canqui H e Lal R (2009). Impactos da remoção de resíduos de culturas na produtividade do solo e na qualidade ambiental. *Crit. Rev. Plant Sci.* 28: 139-163.

Boddey RM, Jantalia CP, Conceic ao PC, Zanatta JA, Bayer C, Mielniczuk J, Dieckow J, Dos Santos HP, Denardin JE, Aita C, Giacomini SJ, Alves BJR e Urquiaga S (2010). Acumulação de carbono em profundidade em Ferralsols sob agricultura subtropical de plantio direto. *Glob. Change Bio.* 16: 784-795.

Boonyuen N, Manoch L, Luangsa-ard JJ, Piasai O, Chamswarng C, Chuaseeharonnachai C, Ueapattanakit J, Arnthong J e Sri-indrasutdhi V (2014). Decomposição de bagaço de cana-de-açúcar com Penicillia e Aspergilli termotolerantes e termorresistentes derivados de lignocelulose. *International Biodeterioration & Biodeg.* 92: 86-100.

Borie F, Rubio R, Rouanet JL, Morales A, Borie G, e Rojas C (2006). Efeitos dos sistemas de lavoura nas caraterísticas do solo, glomalina e propágulos micorrízicos em um Ultisol chileno. *Soil Till. Res.* 88:253-261.

Borneman J, Skroch PW, Sullivan KM, Palus JA, Rumjanek NG, Jansen JL, Nienhuis J e Triplett EW (1996). Diversidade microbiana molecular de um solo agrícola em Wisconsin. *Appl Envir Micro.* 62: 1935-1943.

Bowen RM e Harper SHT (1990). Decomposição de palha de trigo e compostos relacionados por fungos isolados de palha em solos aráveis. *Soil Biology and Biochem.* 22 (3): 393-399.

Bradner JR, Gillings M, Nevalainen KMH (1999). Avaliação qualitativa das actividades hidrolíticas em microfungos da Antárctida cultivados a diferentes temperaturas em meios sólidos. *World J. Microbiol. Biotech.* 15: 131-132.

Brady N e Weil R (2002). The nature and properties of soils. Pearson Education, Inc. Upper Saddle River, NJ. Upper Saddle River, NJ.

Bridgeman TG, Jones JM, Shield I e Williams PT (2008). Torrefação de caniço, palha de trigo e salgueiro para melhorar as qualidades do combustível sólido e as propriedades de combustão. *Fuel*. 87: 844-56.

Brown GG, Hungria M, Oliveira IJ, Bunning S e Montanez A (2002). Workshop técnico internacional sobre gestão biológica dos ecossistemas do solo para uma agricultura sustentável: Programa, resumos e documentos relacionados. *Embrapa/FAO, Londrina*.

Buckley DH e Schmidt TM (2001). A estrutura das comunidades microbianas no solo e o impacto duradouro do cultivo. *Micro Eco*. 42:11-21.

Buee M, Reich M, Murat C, Morin E, Nilsson RH, Uroz S e Martin F (2009). As análises de pirosequenciação 454 de solos florestais revelam uma diversidade fúngica inesperadamente elevada. *New Phytol*. 184(2): 449-56.

Bunemann EK, Schwenke GD e Van Zwieten L (2006). Impacto dos factores de produção agrícola nos organismos do solo - uma revisão. *Aust J Soil Res* 44: 379-406. DOI:10.1071/sr05125.

Cadisch G e Giller K (1997). Driven by nature-Plant litter quality and decomposition. Wallingford, Reino Unido: CAB International.

Calegari A, Hargrove WL, Rheinheimer DDS, Ralisch R, Tessier D, Tourdonnet S e Guimaraes MF (2008). Impacto do plantio direto de longo prazo e do manejo do sistema de cultivo no carbono orgânico do solo em um Oxisol: Um modelo de sustentabilidade. *Agron. J.* 100: 1013-1019.

Cannon PF (1997). Estratégias para a avaliação rápida da diversidade fúngica. *BiodiversConserv*. 6: 669-680.

Caravaca F, Barea M e Roldán A (2002). Influência sinérgica de um fungo micorrízico arbuscular e de um corretivo orgânico em mudas de Pistacia lentiscus L. arborizadas em um solo semi-árido degradado. *Soil Biol Biochem*. 34: 1139-1145.

Castro AM, Carvalho ML, De A, De Leite SGF e Pereira Júnior N (2010). Celulases de Penicillium funiculosum: produção, propriedades e aplicação na hidrólise da celulose. *J Ind Microbiol Biot*. 37: 151-158.

Ceja-Navarro JA, Rivera-Orduna FN, Patino-Zuniga L, Vila-Sanjurjo A, Crossa J e Govaerts B (2010). Análises filogenéticas e multivariadas para determinar os efeitos de diferentes práticas de lavoura e gestão de resíduos nas comunidades bacterianas do solo. *Appl Envir Micro.*76: 3685-90.

Chang AJ, Fan J e Wen X (2012). Triagem de fungos capazes de degradação altamente selectiva de lignina em palha de arroz. *Int Biodeter Biodegr*. 72: 26-30.

Chauhan N, Singh MP, Chauhan AKS, Singh A, Chauhan SS, Singh SB (2007). Decomposição de pressmud por vários fungos celulolíticos in vivo. *Sugar Tech*. 9: 227-229.

Chávez R, Bull P e Eyzaguirre J (2006). O sistema enzimático xilanolítico do género *Penicillum. J Biotechnol.* 123: 413-433.

Chen MM, Zhu YG, Su YH, Chen BD, Fu BJ e Marschner P (2007). Efeitos da humidade do solo e das interações entre plantas na estrutura da comunidade microbiana do solo. *Eur J Soil Biol.* 43: 31-38.

F, Wei X, Hou L, Shang Z, Peng X, Zhao P, Fei Z e Zhang S (2015). Comunidades fúngicas do solo de tipos de florestas secundárias naturais montanhosas na China. *Journal of Micro.* 53 (6): 379-389.

Chet I, Benhamou N e Haran S (1998). Mycoparatism and lytic enzymes. in Trichoderma and Gliocladium-Enzymes, Eds.-Harman GF and. Kubicek CP, vol. 2 de *Biological Control and Commercial Applications.* 327-342.

Chinedu SN, Eni AO, Adeniyi AI e Ayangbemi JA (2010) Avaliação do crescimento e da produção de celulase de microfungos de tipo selvagem isolados de Ota, Nigéria. *Asian Journal of Plant Science.* 9(3): 118-125.

Chundawat SPS, Lipton MS, Purvine SO, Uppugundla N, Gao D, Balan V e Dale BE (2011). Análise composicional baseada em proteómica de misturas complexas de celulase-hemicelulase. *J Proteome Res.* 10: 4365-4372.

Chung IM, Ahn JK e Yun SJ (2001). Identificação de compostos alelopáticos da palha de arroz (Oryza sativa L.) e sua atividade biológica. *Can J Plant Sci.* 81: 815-819.

Ciccolini V, Bonari E e Pellegrino E (2015). A intensidade do uso da terra e as propriedades do solo moldam a composição das comunidades de fungos em solos turfosos mediterrânicos drenados para fins agrícolas. *Biol Fert Soil.* 51 (6): 719-731.

Classen AT, Boyle SI, Haskins KE, Overby ST e Hart SC (2003). Perfis fisiológicos de bactérias e fungos ao nível da comunidade: influências do tipo de placa e da temperatura de incubação em solos contrastantes. *FEMS Micro Eco.* 44: 319 - 328.

Coppens F, Garnier P, Findeling A, Merckx R e Recous S (2007). Decomposição de resíduos de culturas com cobertura vegetal versus resíduos de culturas incorporados: a modelação com PASTIS clarifica as interações entre a qualidade dos resíduos e a localização. *Soil Biol Biochem.* 39: 2339- 2350.

Couteaux MM, Bottner P e Berg B (1995). Litter decomposition, climate, and litter quality. *Tree.* 10: 63-66.

Couto SR e Sanromán MA (2005). Aplicação da fermentação em estado sólido à produção de enzimas ligninolíticas. *Biochem Eng J.* 22: 211-219.

Couturier M, Haon M, Coutinho PM, Henrissat B, Lesage-Meessen L e Berrin JG (2011). As hemicelulases de Podospora anserina potenciam o secretoma de

Trichoderma reesei para a sacarificação de biomassa lignocelulósica. *Appl Envir Micro*. 77: 237-246.

Crous PW, Braun U, Hunter GC, Wingfield MJ, Verkley GJM, Shin HD, Nakashima C e Groenewald JZ (2013). Linhagens filogenéticas em *Pseudocercospora*. *Stud Myco*. 75:37-114.

Cruz-Hernández M, Contreras-Esquivel JC, Lara F, Rodríguez R e Aguilar CN (2005). Isolamento e avaliação de estrelinas de fungos degradadores de taninos do deserto mexicano. *Z Naturforsch C*. 60: 844-848.

Curlevski N, Xu Z, Anderson I e Cairney J (2010). Diversidade de fungos do solo e da rizosfera sob *Araucaria bidwillii* (pinheiro Bunya) num local de floresta tropical montana australiana. *Fungal Divers*. 40:12-22.

Darmwal NS e Gaur AC (1988). Efeito associativo de fungos celulolíticos e Azospirillum *lipoferum* no rendimento e na absorção de azoto pelo trigo. *Plant and* *Soil*. 107(2): 211-218.

Das M, Royer TV e Le VLG (2007). Diversidade de fungos, bactérias e actinomicetos em folhas em decomposição num riacho. *Appl Environ Micro*. 73:756-767.

De Castro A, Quirino B, Pappas G, Kurokawa A, Neto E e Krüger R (2008). Diversidade de comunidades fúngicas do solo do Cerrado e de seus campos agrícolas próximos. *Arch Micro*. 190: 129-139.

Delmont TO, Prestat E, Keegan KP, Faubladier M, Robe P, Clark IM, Pelletier E, Hirsch PR, Meyer F, Gilbert JA, Le Paslier, Simonet D e Vogel PTM (2012). Estrutura, flutuação e magnitude de um metagenoma de solo de pastagem natural. *ISME J*. 6 (9): 1677-1687.

DeLong EF (2009). The microbial ocean from genomes to biomes (O oceano microbiano dos genomas aos biomas). *Nature*. 459: 200-206.

Derpsch R, Friedrich T, Kassam A, Hongwen L (2010). Situação atual da adoção do plantio direto no mundo e alguns dos seus principais benefícios. *Int J Agric & Biol Eng*. 3(1):1-25

Desai SS, Tennali GB, Channur N, Anup AC, Deshpande Gouri e Murtuza BPA (2011). Isolamento de fungos produtores de lacase e caraterização parcial da lacase. *Biotechnol Bioinf Bioeng*. 1(4): 543-549.

Devi LS, Khaund P, Nongkhlaw FMW e Joshi SR (2012). Diversidade de microfungos cultiváveis do solo ao longo de gradientes altitudinais de EasternHimalayas. *Myco*. 40(3) : 151-158.

Devkota KP, Hoogenboom G, Boote KJ, Singh U, Lamers JPA, Devkota M e Vlek PLG (2015b). Simulação do impacto da irrigação com poupança de água e das práticas de agricultura de conservação para sistemas de arroz-trigo nas terras semi-áridas irrigadas da Ásia Central *Agricultural and Forest Meteoro.* 214-215: 266-280.

Devkota KP, Lamers JPA, Manschadi AM, Devkota M, McDonald AJ e Vlek PLG (2015a). Vantagens comparativas dos sistemas de rotação arroz-trigo baseados na agricultura de conservação sob a dinâmica da água e do sal típica das terras áridas secas irrigadas da Ásia Central. *Eur J Agron.* 62: 98-109.

Dick RP (1992). A review: long-term effects of agricultural systems on soil biochemical and microbial parameters. *Agr Ecosyst Envir.* 40:25-36.

Dick RP (1997). Actividades enzimáticas do solo como indicadores integrativos da saúde do solo. In: Pankhurst CE, Doube BM, Gupta VVSR, editores. Biological indicators of soil health (Indicadores biológicos da saúde do solo). Wallingford (Reino Unido): CAB International. 121-156.

Dickie IA, Xu B e Koide RT (2002). Vertical distributionof ectomycorrhizal hyphae in soil as shown by T-RFLPanalysis. *New Phyto.* 156: 527-535.

Dijkerman R, Bhansing DC, Op den Camp HJ, van der Drift C e Vogels GD (1997). Degradação de polissacáridos estruturais pelo sistema enzimático de degradação da parede celular de plantas de fungos anaeróbios: estudo de aplicação. *Enzyme Microb Tech.* 21: 130-6.

Dinis MJ, Bezerra RM, Nunes F, Dias AA, Guedes CV, Ferreira LM, Cone JW, Marques GS, Barros AR, Rodrigues MA (2009). Modificação da lenhina da palha de trigo por fermentação em estado sólido com fungos de podridão branca. *Bioresour Technol,* 100 (20): 4829-35

Dobermann A e Fairhurst TH (2002). Rice straw management. *Better crops International* 16, Sp. Supp. maio: 7-9. http://www.ipni.net/ppiweb/bcropint.nsf.

Domsch KH e Gams W (1970). Pilze aus Agrarböden. Gustav Fischer Verlag, Estugarda.

Domsch KM, Gams W e Anderson TH (1980). Compêndio de Fungos do Solo, (Vol. 1). Nova Iorque: Academic Press Inc. 1-859.

Dorado J, Almendros G, Camarero S, Martínez AT, Vares T e Hatakka A (1999). Transformação da palha de trigo no decurso da fermentação em estado sólido por quatro basidiomicetos ligninolíticos. *Enzyme Microb Tech.* 25(7): 605-612.

Duenas R, Tengerdy RP e Gutierrez-Corea M (1995). Produção de celulase por fungos mistos na fermentação de bagaço em substrato sólido. *World J. Microbiol. Biotechnol.,* 11: 333-7.

Edgar RC (2013). "UPARSE: sequências OTU altamente precisas de leituras de amplicons microbianos. *Métodos da natureza.* 10: 996-998.

Egidi E, de Hoog GS, Isola D, Onofri S, Quaedvlieg W, de Vries M, Verkley GJM, Stielow JB, Zucconi L e Selbmann L (2014). Filogenia e taxonomia de fungos negros meristemáticos que habitam rochas nos Dothideomycetes com base em filogenias multi-locus. *Fungal Divers*, 65:127-165.

Ehrlich R, Schulz S, Schloter M e Steinberger Y (2015). Efeito da orientação da inclinação na composição da comunidade microbiana em diferentes frações de tamanho de partícula de solos obtidos de ecossistemas desérticos. *Biol Fert Soil*. 51: 507-510.

Eiland F, Klamer M, Lind AM, Leth M e Baath E (2001). Influência do rácio inicial C: N na composição química e microbiana durante a compostagem de palha a longo prazo. *Microbial Eco*. 41: 272-280.

Ellis MB e Ellis JP (1997). Microfungi on Land Plants: An Identification Handbook. Londres: Croom Helm, Richmond publishing 868.

Emmanuel B, Fagbola O, Abaidoo R, Osonubi O e Oyetunji O (2010). Abundância e distribuição de espécies de fungos micorrízicos arbusculares em sistemas de gestão da fertilidade do solo a longo prazo no norte da Nigéria. *J Plant Nutr*. 33: 1264-1275.

Eriksson KE, Blanchette RA, Ander P (1990). Microbial and enzymatic degradation of wood and wood components. Springer, Berlim Heidelberg Nova Iorque.

Esterbauer H, Steiner W e Labudova I (1991). Produção de celulase *de Trichoderma* em laboratório e à escala piloto. *Biores Technol*. 36:51-65.

FAO (2012). Organização das Nações Unidas para a Alimentação e a Agricultura. Departamento de Agricultura e Proteção do Consumidor. Agricultura de conservação, http://www.fao.org/nr/cgrfa/cthemes/cgrfa-micro-organisms/en/.

Feng S, Zhang H, Wang Y, Bai Z e Zhuang G (2009). Análise da estrutura da comunidade fúngica no solo de Zoige Alpine Wetland. *Ata Ecol Sin*. 29: 260-266.

Feng Y, Motta AC, Reeves DW, Burmester CH, Van Santen E e Osborne JA (2003). Comunidades microbianas do solo em sistemas de plantio convencional e plantio direto de algodão contínuo. *Soil Biol Biochem*. 35: 1693-1703.

Fierer N, Breitbart M, Nulton J, Salamon P, Lozupone C, Jones R, Robeson M, Edwards RA, Felts B, Rayhawk S, Knight R, Rohwer F e Jackson RB (2007). Análises metagenómicas e de pequenas subunidades de rRNA revelam a diversidade genética de bactérias, archaea, fungos e vírus no solo. *Appl Envir Micro*. 73: 7059-7066.

Fierer N, Lauber CL, Ramirez KS, Zaneveld J, Bradford MA e Knight R (2012). Análises metagenómicas, filogenéticas e fisiológicas comparativas das comunidades microbianas do solo em gradientes de azoto. *ISME J. 61:* 1007-1017.

Filho EXF, Tuohy MG, Puls J, Coughlan MP (1991). Os sistemas enzimáticos de degradação de xilana de *Penicillium capsulatum* e *Talaromyces emersonii*. *Biochem Soc Trans* 19(1):25S.

Fontaine S, Bardoux G, Benest D, Verdier B, Mariotti A e Abbadie L (2004). Mecanismos do efeito de escorva num solo de Savana alterado com celulose. *Soil Science Society of America J.* 68(1): 125-131.

Fontaine S, Barot S, Barré P, Bdioui N, Mary B e Rumpel C (2007). Estabilidade do carbono orgânico em camadas profundas do solo controlada pelo fornecimento de carbono fresco. *Nature.* 450: 277-280.

Fox RH, Myers RJ e Vallis I (1990). The nitrogen mineralization rate of legume residues in soil as influenced by their polyphenol, lignin, and nitrogen contents. *Plant and Soil.* 129: 251-259.

Franchini JC, Crispino CC, Souza RA, Torres E e Hungria M (2007). Parâmetros microbiológicos como indicadores da qualidade do solo em diferentes sistemas de manejo e rotação de culturas no sul do Brasil. *Soil Till Res.* 92: 18-29.

Frankland JC, Dighton J e Boddy L (1990). Methods for studying fungi in soil and forest litter. *Methods Micro.* 22: 343-404.

Frey SD, Six J e Elliott ET (2003). Transferência recíproca de carbono e azoto por fungos decompositores na interface solo-lixo. *Soil Biol Biochem.* 35: 1001-1004.

Gaind S (2014). Efeito do consórcio fúngico e das alterações de estrume animal nas fracções de fósforo do composto de palha de arroz. *Int Biodeter Biodegr.* (94): 90- 97.

Gaind S e Nain L (2007). Propriedades químicas e biológicas do solo de trigo em resposta à incorporação de palha de arroz e à sua biodegradação por inoculantes fúngicos. *Biodegradação.* 4: 495-503.

Gaind S e Nain L (2010). Exploração de resíduos de cereais compostados e estrume de aves de capoeira para a recuperação do solo. *Bioresourc Tech.* 101(21): 84-92.

Gaind S, Nain L e Patel VB (2009). Quality evaluation of co-composted wheat straw, poultry droppings and oilseed cakes (Avaliação da qualidade da palha de trigo, excrementos de aves de capoeira e bagaços de sementes oleaginosas em co-compostagem). *Biodegradação.* 20 (3): 307-317.

Gaind S, Pandey AK e Lata (2005). Estudo da biodegradação de resíduos de culturas afectados por azoto inorgânico exógeno e inoculantes fúngicos. *J Basic Micro.* 45(4): 301-11.

Gaind S, Pandey AK e Lata J (2006). Biomassa microbiana, nutrição de P e actividades enzimáticas do solo de trigo em resposta a adubos orgânicos e inorgânicos enriquecidos com fósforo. *J Environ Sci Health Part B.* 41: 177-187.

Gams W (1992). A análise de comunidades de microfungos saprófitas com especial referência aos fungos do solo. In: *Winterhoff, W (Ed.) Fungi in Vegetation Science*. Kluwer Academic, Boston.

Gannes VD, Eudoxie G, Bekele I e Hickey WJ (2015). Relações das caraterísticas do microbioma com as propriedades edáficas dos solos tropicais de Trinida. *Front Micro*. 6: 1045.

García-Orenes F, Morugán-Coronado A, Zornoza R e Scow K (2013). Mudanças na estrutura da comunidade microbiana do solo influenciadas por práticas de gestão agrícola em um agroecossistema mediterrâneo. *PLoS One* .8: 480-522.

Gardes M e Bruns TD (1993). Primers ITS com maior especificidade para Basidiomycetes - Aplicação à identificação de micorrizas e ferrugens. *Mol Ecol*. 2: 113-118.

Garland JL e Mills AL (1991). Classificação e caraterização de comunidades microbianas heterotróficas com base em padrões de utilização de fontes únicas de carbono ao nível da comunidade. *Appl Envir Micro*. 57: 2351-2359.

Gathala M, Kumar V, Sharma PC, Saharawat Y, Jat HS, Singh M, Kumar A, Jat ML, Humphreys E, Sharma DK, Sharma S e Ladha JK (2013). Otimização dos sistemas de cultivo intensivo à base de cereais, abordando os factores actuais e futuros da mudança agrícola nas planícies indo-gangéticas do noroeste da Índia. *Agr Ecosyst and Envir*. 177: 85-97.

Gathala MK, Ladha JK, Saharawat YS, Kumar V, Kumar V e Sharma PK (2011). Efeito da lavoura e dos métodos de estabelecimento de culturas nas propriedades físicas de um solo de textura média sob uma rotação arroz-trigo de sete anos. *Soil Sci Soc Am J*. 75: 1851-1862.

Geiser DM, Gueidan C, Miadlikowska J, Lutzoni F, Kauff F, Hofstetter V, Fraker E, Schoch C, Tibell L, Untereiner WA e Aptroot A (2006). Eurotiomycetes: Eurotiomycetidae e Chaetothyriomycetidae. *Myco*. 98: 1054-1065.

Ghose TK (1987). Medição das actividades da celulase. *Pure Appl Chem*. 59: 257-268.

Ghose TK e Bisaria VS (1987). Medição das actividades da hemicelulase, parte 1: Xilanases. *Pure and Applied Chem*. 59(12): 1739-1752.

Giardina P, Faraco V, Pezzella C, Piscitelli A, Vanhulle S, et al. (2010) Laccases: a never-ending story. *Cell Mol Life Sci* 67: 369-385.

Gilman JC (2001). *A Manual of Soil Fungi*. (2nd ed). Nova Deli: Biotech Books. 1-392.

Goering HK e Van Soest PJ (1970). Forage Fiber Analyses (aparelhos, reagentes, procedimentos e algumas aplicações). Agriculture Handbook No 379. ARS, USDA Washington DC.

Golueke CG (1992). Bacteriologia da compostagem. *Biocycle*. 33: 55-57.

Gottschalk LMF, Oliveira RA e Bon EPDS (2010). Celulases, xilanases, beta-glucosidase e esterase do ácido ferúlico produzidas por Trichoderma e Aspergillus atuam sinergicamente na hidrólise do bagaço de cana-de-açúcar. *Biochem Eng J.* 51: 72-78.

Goud JVS, Bindu NSVSSSLH, Samatha B, Prasad MR e Charya MAS (2011). Actividades enzimáticas ligninolíticas de fungos de decomposição da madeira de Andhra Pradesh. J. Indian Acad. *Wood Sci.* 8: 26-31.

Govaerts B, Mezzalama M, Sayre KD, Crossa J, Lichter K, Troch V, Vanherck K, De Corte P e Deckers J (2008). Consequências a longo prazo da lavoura, gestão de resíduos e rotação de culturas em grupos selecionados de microflora do solo nas terras altas subtropicais. *Appl Soil Eco.* 38: 197-210.

Govaerts B, Mezzalama M, Unno Y, Sayre KD, Luna-Guido M, Vanherck K, Dendooven L e Deckers J (2007). Influência da lavoura, da gestão de resíduos e da rotação de culturas na biomassa microbiana do solo e na diversidade catabólica. *Appl. Soil Eco.* 37:18-30.

Govaerts B, Sayre KD, Deckers J (2006) Um conjunto mínimo de dados para a avaliação da qualidade do solo das culturas de trigo e milho nas terras altas do México. *Soil Till Res.* 87:163-174.

Grantina L, Seile E, Kenigsvalde K, Kasparinskis R, Tabors G, Nikolajeva V, Jungerius P e Muiznieks I (2011). A influência do uso da terra na abundância e diversidade de fungos do solo: comparação de métodos convencionais e moleculares de análise. *Bio Ambiental e Experimental.* 9: 9-21.

Guarro J, Gené J e Stchigel AM (1999). Desenvolvimentos na taxonomia dos fungos. *Clin.Microbiol. Rev.* 12: 454-500.

Guo LJ, Zhang ZS, Wang DD, Li CF e Cao CG (2015). Efeitos das práticas de gestão da conservação a curto prazo nas fracções de carbono orgânico do solo e na composição da comunidade microbiana num sistema de rotação arroz-trigo. *Biol Fert Soil.* 51: 65-75.

Guoliang C, Xiaoye Z, Sunling G e Fangcheng Z (2008). Investigação sobre os factores de emissão de partículas e gases poluentes provenientes da queima de resíduos de culturas. *J Environ Sci.* 20: 50- 55.

Gupta PK, Sahai S, Singh N, Dixit CK, Singh DP, Sharma C, Tiwari MK, Gupta RK e Garg SC (2004). Queima de resíduos no sistema de cultivo arroz-trigo: Causes and implications. *Current Sci.* 87: 1713-1715.

Gupta RK e Seth A (2007). A review of resource conserving technologies for sustainable management of the rice-wheat cropping systems of Indo-Gangatic Plains (IGP). *Crop Protect.* 26: 436-447.

Gupta RK, Jat ML e Sharma SK (2005). Tecnologias de conservação de recursos para poupança de água e aumento da produtividade. In: Actas do Simpósio Nacional sobre gestão eficiente da água para uma agricultura sustentável e rentável, de 1 a 3 de dezembro de 2005, Nova Deli.

Gupta RK, Naresh RK, Hobbs PR e Ladha JK (2002). Adoção da agricultura de conservação no sistema arroz-trigo das Planícies Indo-Gangéticas: New opportunities for saving water. In Water wise rice production: Proceedings of the international workshop on water wise rice production, April 8-11, 2002, Los Banos, Philippines, ed. Bouman BAM, Hengsdijk H, Hardy B, Bindraban PS, Tuong TP and Ladha JK. Los Banos, Filipinas: Instituto Internacional de Investigação do Arroz.

Gusakov AV (2011). Alternativas ao Trichoderma reesei na produção de biocombustíveis. *Tendências em Biotecnologia*. 29(9): 419-25

Habig J, Hassen AI e Swart A (2015). Aplicação da Microbiologia na Agricultura de Conservação.pp 525.557. Conservation AgricultureFarooq M e Siddique K (eds.) da Springer International Publishing. ISBN: 978-3-319-11619-8 (Impressão) 978-3-319-11620-4 (Online).

Hadas A, Kautsky L, Goek M, Kara E E (2004). Taxas de decomposição de resíduos vegetais e azoto disponível no solo, relacionadas com a composição dos resíduos através da simulação da rotação do carbono e do azoto. *Soil Biology and Biochemistry*. 36: 255-266.

Hamelin, R.C., Bérubé, P., Gignac, M. e Bourassa, M., 1996. Identificação de fungos de podridão radicular em plântulas de viveiro por PCR multiplex aninhado. *Applied and Environmental Microbiology*, *62*(11), pp.4026-4031.

Hammel KE (1997). Degradação fúngica da lignina. In: Cadisch G, Giller KE, editores. Plant litterquality and decomposition.CAB-International: 33-46.

Hammel KE, Cullen D (2008) Role of fungal peroxidases in biological ligninolysis. *Curr Opin Plant Biol,* 11:349-355.

Han W e He M (2010). A aplicação de celulase exógena para melhorar a fertilidade do solo e o crescimento das plantas devido à aceleração da decomposição da palha. *Bioresource Tech*. 101 (10): 3724-3731.

Handelsman J, Rondon MR, Brady SF, Clardy J e Goodman RM (1998). Acesso biológico molecular à química de micróbios desconhecidos do solo: uma nova fronteira para os produtos naturais. *Chem Biol*. 5(10): 245-249.

Hankin L e Anagnostakis S (1977). Meios sólidos contendo carboximetilcelulose para detetar a atividade de celulase CM de microrganismos. *J Gen Micro*. 98:109-115.

Harman GE e Bjorkman T (1998). Potenciais e actuais utilizações de Trichoderma e Gliocladium para o controlo de doenças das plantas e melhoria do crescimento das plantas. Em Trichoderma e Gliocladium CP, Kubicek e Harman GE, Eds. vol. 2: 229-265.

Harrington LW e Hobbs PH (2009). O consórcio arroz-trigo e o Banco Asiático de Desenvolvimento: Uma história. In: Ladha JK, Yadvinder-Singh e D. Hardy (Eds.) Integrated crop and resource management in rice-wheat system of South Asia. Los Banos, Filipinas.

Hartemink AE, e Sullivan JNO (2001). Decomposição da folhada de Piper aduncum, Gliricidia sepium e Imperata cylindrica em planícies húmidas da Papua Nova Guiné. *Plant Soil*. 230: 115-124.

Hartmann M, Frey B, Mayer J, Mäder P e Widmer F (2015). Diversidade microbiana distinta do solo sob agricultura orgânica e convencional de longo prazo. *The ISME Journal* 9: 1177-1194.

Hawksworth D (2001). The magnitude of fungal diversity: the 1.5 million species estimate revisited. *Mycological Res.* 12 :1422-1432.

Hayano K, Watanabe K e Asakawa S (1995). Comportamento de populações microbianas selecionadas e sua atividade em solos rizosféricos e não rizosféricos de arroz e trigo em campos experimentais de arroz a longo prazo com e sem aplicação de matéria orgânica no sudoeste do Japão. Bull. Kyushu. *Natl Agric Exp Stn* 28: 139-155.

Hebert PDN, Cywinska A, Ball SL e DeWaard JR (2003). Identificação biológica através de códigos de barras de ADN. *Actas da Royal Society* 270:313-321.

Helgason BL, Walley FL e Germida JJ (2010). A gestão de longo prazo do plantio direto afeta a biomassa microbiana, mas não a composição da comunidade nos agroecossistemas da pradaria canadense. *Soil Biol Biochem.* 42: 2192-2202.

Hendriks ATWM e Zeeman G (2009). Pré-tratamentos para melhorar a digestibilidade da biomassa lignocelulósica. *Bioresource Tech.* 100: 10-18.

Hendrix PF, Parmelee RW, Crossley DA, Coleman DC, Odum EP e Groffman PM (1986). Detritus Food Webs in Conventional and No-Tillage Agroecosystems. *Biosci.* 36: 374-380.

Hibbett DS e Taylor JW (2013). Sistemática fúngica: uma nova era de iluminação está à mão? *Nature Reviews Micro.* 11:129-133.

Hibbett DS, Binder M, Bischoff JF, Blackwell M, Cannon PF, Eriksson OE, Huhndorf S, James T, Kirk PM e Lücking R (2007). Uma classificação filogenética de nível superior dos fungos. *Mycological Res.*111: 509-547.

Hobbs PR, Sayre K e Gupta R (2007). O papel da agricultura de conservação na agricultura sustentável. *Philos T Roy Soc B.* 363: 543-555.

Hoegger PJ, Kilaru S, James TY, Thacker JR e Kues U (2006) Phylogenetic comparison and classification of laccase and related multicopper oxidase protein sequences. *FEBS J* 273: 2308-2326.

Howard RL, Abotsi E, Jansen van Rensburg EL e Howard S (2003). Lignocellulose biotechnology: issues of bioconversion and enzyme production (Biotecnologia da lignocelulose: questões de bioconversão e produção de enzimas). *Afr J Biotech*. 2(12): 602-19.

Hunt J, Boddy L, Randerson PF e Rogers HJ (2004). An evaluation of 18S rDNA approaches for theestudy of fungal diversity in grassland soils. *Micro Eco*. 47: 385-395.

Hutnan M, Drtil M e Mrafkova L (2000). Anaerobic biodegradationof sugar beet pulp. *Biodegradation*. 11: 203-211.

Hyde KD, Jones EBG, Liu JK, Ariyawansa H, Boehm E, Boonmee S,Braun U, Chomnunti P, Crous PW, Dai DQ, Diederich P, Dissanayake A, Doilom M, Doveri F, Hongsanan S, Jayawardena R, Lawrey JD, Li YM, Liu YX, Lücking R, Monkai J, Muggia L, Nelsen MP, Pang KL, Phookamsak R, Senanayake IC, Shearer CA, Suetrong S, Tanaka K, Thambugala KM, Wijayawardene NN, Wikee S, Wu HX, Zhang Y, Aguirre-Hudson B, Alias SA, Aptroot A, Bahkali AH, Bezerra JL, Bhat DJ, Camporesi E, Chukeatirote E, Gueidan C, Hawksworth DL, Hirayama K, Hoog SD, Kang JC, Knudsen K, Li WJ, Li XH, Liu ZY, Mapook A, McKenzie EHC, Miller AN, Mortimer PE, Phillips AJL, Raja HA, Scheuer C, Schumm F, Taylor JE, Tian Q, Tibpromma S, Wanasinghe DN, Wang Y, Xu JC, Yacharoen S, Yan JY, Zhang M (2013). Famílias de Dothideomycetes. *Fungal Divers,* 63:1-313.

Ibekwe AM e Kennedy AC (1999). Perfis de ésteres metílicos de ácidos gordos (FAME) como ferramenta para investigar a estrutura da comunidade de dois solos agrícolas. *Solo vegetal.* 206: 15 -161.

Ilyas M, Kanti A, Jamal Y, Hertina e Agusta A. (2009). Biodiversidade de fungos endofíticos associados a *Uncaria gambier* Roxb. (Rubiaceae) do oeste de Sumatra. *Biodiversitas,* 10: 23-28.

Ilyas U, Ahmed S, Majeed A e Nadeem M (2012). Biohidrólise de *Saccharum spontaneum* para produção de celulase por *Aspergillus terreus. Jornal Africano de Biotecnologia,* 11(21): 4914-4920.

Inderjit S, Rawat D e Foy CL (2004). Abordagem multifacetada para determinar a fitotoxicidade da palha de arroz. *Can J Bot.* 82:168-176.

Insam H (2001) Development in soil microbiology since mid 1960s. *Geoderma* 100: 389-402

Irfan M, Riaz M, Arif MS, Shahzad MS, Saleem F, Rahman N, Berg van den L e Abbas F (2014). Estimativa e caraterização das emissões de poluentes gasosos da combustão de resíduos de culturas agrícolas nos sectores industrial e doméstico do Paquistão. *Atmospheric Envir.* 84: 189-197.

Isshiki A, Akimitsu K, Nishio K, Tsukamoto M, Yamamoto H (1997). Purificação e caraterização de uma endopoligalacturonase do patotipo rugoso de limão de *Alternaria alternata*, a causa da doença da mancha castanha dos citrinos. *Physiol Mol Plant Pathol.* 51:155-167.

Ja'afaru MI e Fagade OE (2007). Produção de celulase e hidrólise enzimática de alguns substratos lignocelulósicos locais selecionados por uma estirpe de *Aspergillus niger*. *Res J Biol Sci*. 2(1): 13-16.

Jackson, M.L. (1973). Methods of chemical analysis. Prentice Hall of India (Pvt.) Ltd, Nova Deli.

Jacobsen CS e Hjelmsø MH (2014). Solos agrícolas, pesticidas e diversidade microbiana. *Curr Opi Biotech*. 27: 15-20.

Jahromi MF, Liang JB, Rosfarizan M, Goh YM, Shokryazdan P e Ho YW (2011). Eficiência da degradação de lignocelulose de palha de arroz por Aspergillus terreus ATCC 74135 em fermentação em estado sólido. *Afr J Biotechnol*. 10(21), 4428-4435.

Jain N, Bhatia A e Pathak H (2014). Emissão de poluentes atmosféricos da queima de resíduos de culturas na Índia. *Aerosol and Air Quality Res*. 14: 422-430.

Jeffries TW (1994). Biodegradation of lignin and hemicelluloses. *C. Ratledge (ed.), Biochemistry of Microbial Degradation,* 233-277. Kluwer Academic Publishers. Impresso nos Países Baixos.

Jin R, Liao H, Liu X, Zheng M, Xiong X, Liu X, Zhang L e Zhu Y (2012). Identificação e caraterização de uma estirpe fúngica com actividades de hidrólise da lenhina e da celulose. *Afri J Microbiol Res*. 6(36): 6545-6550.

Jordan DB e Wagschal K (2010). Propriedades e aplicações de β-D-xilosidases microbianas com a enzima cataliticamente eficiente de Selenomonas ruminantium. *Appl Microbiol Biotech*. 86: 1647-1658.

Jørgensen H e Olsson L (2006). Produção de celulases por *Penicillium brasilianum* IBT 20888: efeito do substrato no desempenho hidrolítico. *Enzyme Microb Tech*. 38(3-4):381-390.

Jorgensen H, Erriksson T e Börjesson J (2003). Purificação e caraterização de cinco celulases e uma xilanase de Penicillium brasilianum IBT 20888. *Enzyme Microb Technol*. 32: 851-861.

Jost L (2007). Partição da diversidade em componentes aopha e beta independentes. *Ecologia,* 88: 2427-2439.

Juhasz TZ, Szengyel K, Reczey M, Siika-Aho e Viikari L (2005). Caracterização de celulases e hemicelulases produzidas por Trichoderma reesei em várias fontes de carbono. *Process Biochem*. 40: 3519-3525.

Jung YR, Park JM, Heo SY, Hong WK, Lee SM, Oh BR, Park SM, Seo JW e Kim CH (2015) Enzimas celulolíticas produzidas por um fungo do solo recentemente *isoladoPenicillium* sp. TG2 com potencial para utilização na produção de etanol celulósico. *Renewable Energy* 76: 66-71.

Kabir Z, O'Halloran I, Fyles J e Hamel C (1997). Mudanças sazonais de fungos micorrízicos arbusculares afetados por práticas de cultivo e fertilização:

densidade de hifas e colonização de raízes micorrízicas. *Solo vegetal*. 192: 285-293.

Kanabkaew T e Oanh NTK (2011). Desenvolvimento de inventário de emissões espaciais e temporais para a queima de resíduos de culturas. *Environ. Model. Assess*. 16: 453- 464.

Kandeler, E. (2007) Métodos fisiológicos e bioquímicos para o estudo da biota do solo e da sua função. In: Eldor A. Paul (eds) Soil microbiology, ecology, and biochemistry, 3rd Edn. Academic Press, Burlington, pp 53-80.

Kanotra S e Mathur RS (1994). Biodegradação da palha de arroz com fungos celulolíticos e sua aplicação na cultura do trigo. *Bioresour Tech*. 47: 185-188.

Kasana RC, Richa S, Dhar H, Dutt S e Gulati A (2008). Um método rápido e fácil para a deteção de celulases microbianas em placas de ágar utilizando iodo de Gram. Curr Micro. 57:503-507.

Kaschuk G, Alberton O e Hungria M (2010). Três décadas de estudos da biomassa microbiana do solo em ecossistemas brasileiros: lições aprendidas sobre a qualidade do solo e indicações para melhorar a sustentabilidade. *Soil Biol Biochem*. 42: 1-13.

Kato S, Haruta S, Cui ZJ, Ishii M e Igarashi Y (2005). Coexistência estável de cinco estirpes bacterianas como uma comunidade de degradação de celulose. *Appl Environ Micro*. 71: 7099-7106.

Kato S, Haruta S, Cui ZJ, Ishii M, Yokota A e Igarashi Y (2004). *Clostridium straminisolvens* sp. nov. uma bactéria moderadamente termofílica, aerotolerante e celulolítica isolada de uma comunidade bacteriana degradadora de celulose. *Int J Syst Evol Micro*. 54: 2043-2047.

Kaur A, Sahota PP (2004). Estudos sobre o papel dos inóculos fúngicos na compostagem de palha de trigo. Asian J. Microbiol. *Biotechnol Environ Sci*. 6, 671e673.

Kaur G, Kumar S e Satyanarayana T (2004). Produção, caraterização e aplicação de uma poligalacturonase termoestável do bolor atermofílico *Sporotrichum thermophile* Apinis. *Bioresour Tech*. 94: 239-243.

Kausar H, Sariah M, Saud HM, Alam MZ e Ismail MR (2010). Desenvolvimento de consórcio fúngico lignocelulolítico compatível para compostagem rápida de palha de arroz. *Inter Biodeter Biodegrad*, 64 (7): 594-600.

Kennedy N e Clipson N (2003). Fingerprinting the fungal community. *Mycologist* 17: 158-164.

Khokar I, Haider MS, Mushtaq S e Mukhtar I (2012). Isolamento e rastreio de fungos filamentosos altamente celulolíticos. *J Appl Sci Environ Manage*. 16 (3): 223 - 226.

Kirk PM, Cannon PF, David JC e Stalpers JA (2001). Ainsworth & Bisby's Dictionary of the Fungi. 8ª ed.. Surrey, *Reino Unido: CABI Bioscience.*

Kirk TK, Cullen D (1998) Enzymology and molecular genetics of wood degradation by white-rot fungi. In: Young RA, Akhtar M (eds) Environmentally friendly technologies for the pulp and paper industry. Wiley, Nova Iorque, pp 273-307.

Kladivko EJ (2001). Sistemas de lavoura e ecologia do solo. *Soil Till Res.* 61: 61-76.

Klamer M, Roberts MS, Levine LH, Drake BG, e Garland JL (2002). Influência do CO2 elevado na comunidade fúngica em um solo de floresta de carvalho costeiro investigado com análise de polimorfismo de comprimento de fragmento de restrição terminal. *Appl Environ Micro.* 68: 4370-4376.

Klaubauf S, Inselsbacher E, Zechmeister-Boltenstern S, Wanek W, Gottsberger R, Strauss J e Gorfer M (2010). Diversidade molecular de comunidades fúngicas em solos agrícolas da Baixa Áustria. *Fungal Divers* 44: 65-75.

Knapp EB, Elliot LF e Campbell GS (1983). Carbono, azoto e inter-relações da biomassa microbiana durante a decomposição da palha de trigo: um modelo mecanicista. *Soil Biol and Biochem.* 15: 455-461.

Knief C (2014). Análise das interações entre plantas e micróbios na era das tecnologias de sequenciamento de próxima geração. *Front Plant Sci.* 5: 216.

Knietch A, Waschkowitz T, Bowien S, Henne A e R. Daniel. (2003). Metagenomas de consórcios microbianos complexos derivados de diferentes solos como fontes de novos genes que conferem a Escherichia coli a formação de carbonilos a partir de polióis de cadeia curta. J *Microbiol Biotechnol.* 5:46-56.

Knight TR e Dick RP (2004). Diferenciação da atividade da s-glucosidase microbiana e estabilizada em relação à qualidade do solo. *Soil Biol Biochem.* 36: 2089-2096.

Koljalg U, Nilsson RH, Abarenkov K, Tedersoo L, Taylor AFS, Bahram M, Bates ST, Bruns TD, Bengtsson-Palme J, Callaghan TM, Douglas B, Drenkhan T, Eberhardt U, Dueñas M, Grebenc T, Griffith GW, Hartmann M, Kirk PM, Kohout P, Larsson E, Lindahl BD, Lucking R, Martín MP, Matheny PB, Nguyen NH, Niskanen T, Oja J, Peay KG, Peintner U, Peterson M, Poldmaa K, Saag L, Saar I, Schubler A, Scott JA, Senes C, Smith ME, Suija A, Taylor DL, Telleria MT, Weiss M e Larsson KH (2013). Rumo a um paradigma unificado para a identificação de fungos com base em sequências. *Molecular Eco.* 22: 5271-5277.

Koukiekolo R, Kosugi A, Inui M, Yukawa H e Doi RH (2005). Degradação da fibra de milho por celulases e hemicelulases de Clostridium cellulovorans e contribuição da proteína de suporte CbpA. *Appl Environ Microb.*71: 3504-3511.

Krogh KBR, Mørkeberg A, Jørgensen H, Frisvad JC, Olsson L (2004). Screening genus *Penicillium* for producers of cellulolytic and xylanolytic enzymes. *Appl Biochem Biotech.*113:389-401.

Krupinsky JM, Bailey KL, McMullen MP, Gossen BD, e Turkington TK (2002). Gestão do risco de doenças das plantas em sistemas de cultivo diversificados. Agr J. 94: 198-209.

Kshattriya S, Sharma GD e Mishra RR (1994). Sucessão fúngica e micróbios nas folhagens de duas florestas tropicais degradadas do nordeste da Índia. *Pedobiologia.* 38: 125-137.

Kumar A, Gaind S e Nain L (2008). Avaliação do consórcio de fungos termofílicos para a compostagem de palha de arroz. *Biodegradação.* 19: 395-402.

Kumar AK, Parikh BS (2015). Enzimas de degradação de celulose de *Aspergillus terreus* D34 e sacarificação enzimática de resíduos de biomassa lignocelulósica pré-tratados com álcali suave e ácido diluído. *Biores Bioprocess.* 2:7.

Kumar V, Singh S, Chhokar RS, Malik RK, Daniel C, Brainard e Ladha JK (2012). Estratégias de manejo de ervas daninhas para reduzir o uso de herbicidas em sistemas de cultivo de arroz-trigo com plantio direto nas planícies indo-gangéticas. *Tecnologia de Ervas Daninhas.* 27: 241-254.

Kundu A, Karmakar M e Ray RR (2012). Produção simultânea de enzimas para alimentação animal (endoxilanase e endoglucanase) por Penicillium janthinellum a partir de resíduos de juta. *Revista Internacional de Reciclagem de Resíduos Orgânicos na Agricultura,* 1:13.

Kushwaha C P, Tripathi S K, Singh K P (2001): Matéria orgânica do solo e agregados estáveis à água sob diferentes condições de lavoura e resíduos em um agroecossistema tropical de terra seca. *Appl Soil Ecol.* 16: 229-241.

Ladha JK, Kumar V, Alam MM, Sharma S, Gathala M, Chandna P, Saharawat YS e Balasubramanian V (2009). Integração de tecnologias de gestão de culturas e recursos para aumentar a produtividade, a rentabilidade e a sustentabilidade do sistema arroz-trigo no Sul da Ásia. In: Integrated crop and resource management in the rice-wheat system of South Asia (Gestão integrada de culturas e recursos no sistema arroz-trigo do Sul da Ásia). (eds Ladha JK, Singh Yadvinder, Erenstein O): 69-108. Instituto Internacional de Investigação do Arroz, Filipinas.

Ladha JK, Pathak H, Padre AT, Dave D e Gupta RK (2003). Productivity trends in intensive rice-wheat cropping systems in Asia. pp.45-76. In. Ladha JK et al. (ed.) Improving the productivity and sustainability of rice-wheat systems: issues and impacts. *ASA Spec Publ* 65. *ASA, CSSA, e SSA, Madison, WI.*

Laik R, Sharma S, Idris M, Singh AK, Singh SS, Bhatt BP, Saharawat Y, Humphreys E e Ladha JK (2014). Integração da agricultura de conservação com as melhores práticas de gestão para melhorar o desempenho do sistema de rotação arroz-trigo nas planícies indo-gangéticas orientais da Índia. *Agr Ecosyst Envir.* 195: 68-82.

Lal R (2004). Os resíduos de culturas são um desperdício? *J. Soil Water Consv.* 59: 136-139.

Lal R (2015). Sequestro de carbono e aumento da produtividade através da agricultura de conservação. J. *Soil Water Conserv.* 70: 55A-62A.

Lammerding DM, Mariela NM, Albarrán MM, Tenorio JL e Walter I (2015). Sistemas de manejo de longo prazo em condições semiáridas: Influência na matéria orgânica lábil, atividade da b-glucosidase e eficiência microbiana. *Applied Soil Eco.* 96: 296-305.

Lauber CL, Strickl MS, Bradford MA e FiererN (2008). A influência das propriedades do solo na estrutura das comunidades bacterianas e fúngicas nos tipos de utilização do solo. *Soil Biol Biochem.* 40: 2407-2415.

Lee J (1997). Biological conversion of lignocellulosic biomass to ethanol (Conversão biológica de biomassa lignocelulósica em etanol). *J Biotech.*56: 1-24.

Lee S, Jang Y, Lee YM, Lee J, Lee H, Kim GH e Kim JJ (2011). Fungos decompositores de palha de arroz e suas enzimas celulolíticas e xilanolíticas. *J Microbiol Biotechnol.* 21: 1322-1329.

Lee YJ, Kim BK, Lee BH, Jo KI, Lee NK, Chung CH, Lee YC e Lee JW (2008). Purificação e caraterização da celulase produzida por *Bacillus amyoliquefaciens* DL-3 utilizando casca de arroz. *Bioresour Technol.* 99:378-386.

Leininger S, Urich T, Schloter M, Schwark L, Qi J, Nicol G, Prosser J, Schuster S e Schleper C (2006). As Archaea predominam entre os procariotas que oxidam a amónia nos solos. *Nature.* 442: 806-809.

Leninger AL (1975). Biochemistry, 2nd ed., Worth Publishers, New York.

Leonowicz A, Cho NS, Luterek J, Wilkolazka A, Wojtas-Wasilewska M, Matuszewska A, Hofrichter M, Wesenberg D e Rogalski J (2001). Fungal laccase: properties and activity on lignin. *J Basic Microbiol*, 41:185-22.

Leschine SB (1995). Degradação da celulose em ambientes anaeróbios. *Annu Rev Micro.*49: 399-426.

Letourneau, A., Seena, S., Marvanová, A., e F. Bärlocher (2010). Uso potencial de código de barras para identificar hifomicetos aquáticos. *Fungal Diversity,* 40:51-64.

Levine WG (1965). Laccase, A review. In: The biochemistry of copper, Academic Press Inc., New York, pp. 371-385.

Li DW, Miskowski D, Heinsohn P, Ellringer P e Yang GCC (2006). BLR's Guide Mold Management Ring-bound.Business & Legal Reports, Inc.

Li Y, Liu ZQ, Zhao H, Xu YY, Cui FJ (2007). Otimização estatística da produção de xilanase do novo *Penicillium oxalicum* ZH-30 isolado em fermentação submersa. *Biochem Eng J.*, 34(1):82-86.

Liao H, Li S, Wei Z, Shen Q e Xu Y (2014). Insights sobre a produção de enzimas lignocelulolíticas de alta eficiência por *Penicillium oxalicum* GZ-2 induzida por um substrato complexo. *Biotechnol. Biocombustíveis,* 7(1): 162.

Liao H, Xu C, Tan S, Wei Z, Ling N, Yu G, Raza W, Zhang R, Shen Q e Xu Y (2012). Produção e caraterização de enzimas xilanolíticas acidófilas de *Penicillium oxalicum* GZ-2. *Bioresour Technol.* 123: 117-124.

Lienhard P, Tivet F, Chabanne A, Dequiedt S, Lelièvre M, Sayphoummie S, Leudphanane B, Prévost-Bouré NC, Séguy L, Maron PA e Ranjard L (2013). O plantio direto e as culturas de cobertura mudam a abundância e a diversidade microbiana do solo nas pastagens tropicais do Laos. *Agronomia para o desenvolvimento sustentável.* 33 (2): 375-384.

Liu J, Sui Y, Yu Z, Shi Y, Chu H, Jin J, Liu X e Wang G (2015). O conteúdo de carbono do solo impulsiona a distribuição biogeográfica das comunidades de fungos na zona de solo negro do nordeste da China. *Soil Biolo Biochem.* 83: 29-39.

Lord NS, Kaplan CW, Shank P, Kitts CL, e Elrod SL (2002). Assessment of fungal diversity using terminalrestriction fragment (TRF) pattern analysis: comparison of18S and ITS ribosomal regions. *FEMS Micro Eco.* 42: 327-337.

Lorito M, Hayes CK, Di Pietro A, Woo SL, e Harman GE (1994). Purificação, caraterização e atividade sinérgica de uma glucana 1,3-beta-glucosidase e de uma N-acetil-beta-glucosaminidase de Trichoderma harzianum. *Phytopathology.* 84(4): 398-405.

Lou Y, Liang W, Xu M, He X, Wang Y e Zhao K (2011). A cobertura de palha alivia a variabilidade sazonal da biomassa e da atividade microbiana do solo superficial. *Catena.* 86: 117-120.

Lu WJ, Wang HT, Yang SJ, Wang ZC e Nie YF (2005). Isolamento e caraterização de bactérias mesófilas degradadoras de celulose do sistema de co compostagem de talos de Xower e resíduos vegetais. *J Gen Appl Micro.* 51: 353-360.

Lundell T, Ma"kela M, Hilde'n K (2010) Lignin-modifying enzymes in filamentous basidiomycetes: ecological, functional and phylogenetic review. *J Basic Microbiol.* 50:1-16.

Lynch JM, Slater JH, Bennett JA e Harper SHT (1981). Cellulase Activities of Some Aerobic Micro-organisms Isolated fiom Soil (Actividades de celulase de alguns microrganismos aeróbicos isolados do solo). *J Gen Microbiol.* 127:231-236.

Lynch MD e Thorn RG (2006). Diversidade de basidiomicetos em solos agrícolas do Michigan. *Appl Envir Micro.*72: 7050-7056.

Lynd LRWP, Van Zyl WH e Pretorius IS (2002). Utilização de celulose microbiana: Fundamentals and biotechnology. *Microbiol Mol Biol R*. 66(3): 506-77.

Mabrouk AM, Kheiralla ZH, Hamed ER, Youssry AA e Abd EAAA (2010). Rastreio de alguns isolados de fungos de origem marinha para a produção de enzimas de degradação da lenhina (LDEs) Agric. *Biol J. N. Am*. 1(4): 591-599.

Machinet GE, Bertrand I, Chabbert B e Recous S (2009). Decomposição no solo e alterações químicas das raízes de milho com variações genéricas que afectam a qualidade da parede celular. *Eur J Soil Sci*. 60: 176-185.

Maeda RN, Silva MMP, Santa ALMM e Pereira JRN (2010). Otimização de fontes de nitrogênio para produção de celulase por *Penicillium funiculosum*, utilizando a metodologia de planejamento experimental sequencial e a função desejabilidade. *Appl Biochem and Biotech*. 161: 411-422.

Magdoff F e Weil RR (2004). Soil organic matter in sustainable agriculture (Matéria orgânica do solo na agricultura sustentável). Boca Raton, EUA: 398.

Magid J, Luxhøi J e Lyshede OB (2004). A decomposição de resíduos vegetais a baixas temperaturas separa no tempo a rotação de componentes dos tecidos ricos em azoto e energia. *Plant and Soil*. 258: 351-365.

Maijala P, Kango N, Szijarto N e Viikari L 2012. Caracterização de hemicelulases de fungos termofílicos. *Antonievan Leeuwenhoek*. 101,905-917.

Majumder M, Shukla AK e Arunachalam A (2010). Libertação de nutrientes e sucessão fúngica durante a decomposição de resíduos de culturas num sistema de cultivo itinerante, *Commun Soil Sci Plan*. 41(4): 497-515.

Maki M, Leung KT e Qin W (2009). As perspectivas das bactérias produtoras de celulase para a bioconversão de biomassa lignocelulósica. *Int J Bio Sci* . 5(5): 500-516.

Malherbe S e Cloete TE (2002). Biodegradação de lignocelulose: Fundamentals and applications. *Reviews in Environmental Science and Biotechnology*. 1: 105-114.

Malhi SS e Kutcher HR (2007). Efeitos da queima de restolho de grãos pequenos e da lavoura no C e N orgânicos do solo e na agregação no nordeste de Saskatchewan. *Soil and Tillage Res*. 94: 353-361.

Malhi Y (2002). Carbon in the atmosphere and terrestrial biosphere in the 21st century (O carbono na atmosfera e na biosfera terrestre no século XXI). *Philos Trans Ser A Math Phys Eng Sci*. 360: 2925-2945.

Malik S, Iftikhar T e Haq IU (2011). Biossíntese melhorada de amiloglucosidase através de mutagénese utilizando *Aspergillus niger*. *Pak J Bot*. 43(1): 111-119.

Mandal KG, Misra AK, Hati KM, Bandyopadhyay KK, Ghosh PK e Mohanty M (2004). Opções de gestão dos resíduos de arroz e efeitos nas propriedades do solo e na produtividade das culturas. *Food, Agriculture and Envir*. 2: 224-231.

Mandels M e Reese ET (1964). Fungal Cellulases and the Microbial Decomposition of Cellulosic Fabric. Em *Developments in Industrial Microbiology*; Society for Industrial Microbiology: Washington, D.C. 5, pp 5-20.

Manoharachary C, Sridhar K, Singh R, Adholeya A, Suryanarayanan TS, Rawat S e Johri BN (2005). Fungal Biodiversity: Distribution, Conservation and Prospecting of Fungi from India (Distribuição, Conservação e Prospeção de Fungos da Índia). *Curr Sci*. 89: 58-71.

Mardis Elaine R (2013). Plataformas de sequenciamento de próxima geração. *Annu Rev Anal Chem*. 6: 287-303.

Maron PA, Mougel C e Ranjard L (2011). Diversidade microbiana do solo: estratégia metodológica, visão espacial e interesse funcional. *CR Bio*. 334: 403-411.

Martens DA (2000). A bioquímica dos resíduos vegetais regula o ciclo do carbono no solo e o sequestro de carbono. *Soil Biol Biochem*. 32: 361-369.

Martı'nez AT (2002) Molecular biology and structurefunction of lignin-degrading heme peroxidases. *Enzyme Microb Technol*. 30:425-444.

Martin-Rueda I, Mun˜oz-Guerra LM, Yunta F, Esteban E, Tenorio JL e Lucena JJ (2007). Lavoura e rotação de culturas efeitos sobre o rendimento da cevada e nutrientes do solo em um Calciortidic Haploxeralf. *Soil and Tillage Res*. 92: 1-9.

Martins LF, Kolling D, Camassola M, Dillon AJ e Ramos LP (2008). Comparação das celulases de *Penicillium echinulatum* e *Trichodermareesei* em relação à sua atividade contra vários substratos celulósicos. *Bioresour Tech*. 99: 1417-1424.

Mathew RP, Yucheng F, Leonard G, Ramble A e Balkcom Kipling S., 2012. Impacto dos sistemas de plantio direto e de plantio convencional nas comunidades microbianas do solo Ciência do solo aplicada e ambiental, Artigo ID 548620, doi:10.1155/2012/548620, 10 páginas

Mayer AM (1987). Polifenoloxidoses em plantas: Progressos recentes. *Phytochemistry*. 26: 11-20.

Maza M, Pajot HF, Amoroso MJ e Yasem MG (2014). Degradação de resíduos de cana-de-açúcar pós-colheita por fungos autóctones. *Int Biodeter Biodegra* 87: 18-25.

Meijer M, Houbraken JAMP, Dalhuijsen S, Samson RA e Vries RP (2011). Os perfis de crescimento e hidrolase podem ser usados como caraterísticas para distinguir Aspergillus Niger e outras aspergilas negras. *Stud Mycol*, 69:19-30.

Merino ST e Cherry J (2007). Progress and challenges in enzyme development for biomass utilization (Progressos e desafios no desenvolvimento de enzimas para a utilização da biomassa). *Adv Biochem Eng Biotech*. 108: 95-120.

Metzker ML (2010). Tecnologias de sequenciação - a próxima geração. *Nat Rev Genet*. 11: 31-46.

Milagres AMF, Lacis LS e Prade RA (1993). Caracterização da produção de xilanase por um isolado local de *Penicillium janthinellum*. *Enzyme Microb Tech*. 15: 248-253.

Miller GL (1959). Utilização do reagente de ácido dinitrosalicílico para a determinação de açúcares redutores. *Analytical Chem*. 31: 426-428.

MNRE, 2009; www.nicra.iari.res.in/Data/FinalCRM.doc

Mohanty M, Painuli DK, Misra AK e Ghosh PK (2007). Efeitos da lavoura e dos resíduos na qualidade do solo sob cultivo de arroz-trigo num vertisol na Índia. *Soil Till Res*. 92: 243-250.

Molla AH, Fakhru'l-Razi A, Abd-Aziz S, Hanafi MM e Alam MZ (2001). Avaliação da compatibilidade in vitro de culturas mistas de fungos para a bioconversão de lamas de águas residuais domésticas. *World J Microbiol Biotech*. 17: 849-856.

Molla AH, Fakhrul-Razi A, Abd-Aziz S, Hanafi MM, Roychoudhury PK e Alam MZ (2002). Um recurso potencial para a bioconversão de lamas de águas residuais domésticas. *Bioresource Tech*. 85: 263-272.

Morey M, Fernandez-Marmiesse A, Castineiras D, Fraga JM, Couce ML, Cocho JA (2013). Um vislumbre do passado, presente e futuro da sequenciação de ADN. *Mol Genet Metab*. 110(1-2): 3-24.

Moubasher AH e Mazen MB (1991). Ensaio da atividade celulolítica de fungos decompositores de celulose isolados de solos egípcios. *J Basic Microbiol* 31: 59-68.

Mrudula S e Murugammal R (2011). Produção de celulose por *Aspergillus niger* em fermentação submersa e em estado sólido utilizando resíduos de coco como substrato. *Braz J Microbiol,* 42(3): 1119-1127.

Myers N, Mittermeier RA, Mittermeier CG, De Fonseca GA e Kent J (2000). Biodiversity hotspots for conservation priorities. *Nature*.403: 853- 858.

Mylavarapu RS e Zinati GM (2009). Melhoria das propriedades do solo utilizando composto para uma produção óptima de salsa em solos arenosos. *Scientia Horticulturae* 120: 426-430.

Nagmani A, Kunwar IK e Manoharachary C (2006). *Handbook of Soil Fungi*. *Publicado por IK*. International Pvt. Ltd. Nova Deli1-477.

Nannipieri P, Ascher J, Ceccherini MT, Landi L, Pietramellara G e Renella G (2003). Diversidade microbiana e funções do solo. *EurJ Soil Sci*. 54: 655-670.

Narra M, Dixit G, Divecha J, Madamwar D e Shah AR (2012). Produção de celulases por fermentação em estado sólido com Aspergillus terreus e hidrólise enzimática de palha de arroz tratada com álcali suave. *Bioresour Technol*. 121, 355-361.

Naseeb S, Sohail M, Ahmad A e Ahmed KSA (2015). Produção de xilanases e celulases por aspergillus fumigatus ms16 utilizando substratos lignocelulósicos brutos. *Pak J Bot.* 47(2): 779-784.

Nemergut DR, Townsend AR, Sattin SR, Freeman KR, Fierer N, Neff J, Bowman WD, Schadt CW, Weintraub MN e Schmidt SK (2008). Os efeitos da fertilização crónica com azoto nas comunidades microbianas do solo da tundra alpina: implicações para o ciclo do carbono e do azoto. *Envir Micro.* 10: 3093-3105.

Nicolardot B, Bouziri L, Bastian F e Ranjard L (2007). Influência da localização e da qualidade dos resíduos vegetais na decomposição dos resíduos e na estrutura genética das comunidades microbianas do solo. *Soil Biol Biochem.* 39:1631-1644.

Oehl F, Sieverding E, Mader P, Dubois D, Ineichen K, Boller, T e Wiemken A (2004). Impacto da agricultura convencional e biológica a longo prazo na diversidade de fungos micorrízicos arbusculares. *Oecologia,* 138: 574-583.

Ogawa Y, Tokumasu S e Tubaki K (1996). Factores que afectam a diversidade microfúngica. *Mycoscience,* 37: 377-380.

Ogbonna AI, Onwuliri FC e Ogbonna CIC (2015). Resposta de crescimento e atividade amilolítica de duas espécies de *Aspergillus* isoladas de *Artemisia annua* L. Plantation Soils. *Journal of Academia and Industrial Research,* 3(10):456-462.

Ojumu Tunde Victor, Solomon Bamidele Ogbe, Betiku Eriola, Layokun Stephen Kolawole, e Amigun Bamikole (2003). Produção de celulase por Aspergillus flavus Linn isolado NSPR 101 fermentado em pó de serra, bagaço e espiga de milho. *African J Biotechnol.* 2 (6): 150-152.

Okino LK, Machado KMG, Fabric C e Bonomi VLR (2000). Atividade ligninolítica de basidiomicetos de florestas tropicais. *World J Microbiol Biotech.* 16: *889-893*.

Orgiazzi A, Lumini E, Nilsson RH, Girlanda M, Vizzini A, Bonfante P e Bianciotto V (2012). Desvendando as comunidades de fungos do solo de diferentes áreas de uso da terra no Mediterrâneo. *PLoSOne.* 7(4): 34847.

Ortiz EME e Huc NV (2008). Alterações temporais de propriedades químicas selecionadas em três solos do Hawaii com adubo. *Bioresource Technol.* 99(18): 8649-8654.

Osborn AM, Moore ERB e Timmis KN (2000). An evaluation of terminal-restriction fragment length polymorphisms (TRFLP) analysis for the study of microbial community structure and dynamics. *Environ. Micro.* 2: 39 - 50.

Pace, N.R. e Marsh, T.L., 1985. RNA catalysis and the origin of life. *Origins of Life and Evolution of the Biosphere, 16,* pp.97-116.

Pandey AK, Gaind S, Ali A e Nain L (2009). Effect of bioaugmentation and nitrogen supplementation on composting of paddy straw (Efeito da bioaumentação e da suplementação de azoto na compostagem de palha de arroz). *Biodegradation.* 20: 293-306.

Pascault N, Nicolardot B, Bastian F, Thiebeau P, Ranjard L e Maron PA (2010) Dinâmica *in situ* e heterogeneidade espacial das comunidades bacterianas do solo sob diferentes manejos de resíduos de culturas. *Microb Eco.* 60:291-303.

Pečiulytė D (2007). Isolamento de fungos celulolíticos de resíduos de papel materiais de reciclagem gradual. *Ekologija* 53: 11-18.

Pereira AA, Hungria M, Franchini JC, Kaschuk G, Chueire LMO, Campo RJ e Torres E (2007). Variac¸ oes qualitativas e quantitativasna microbiota do solo e nafixac¸ aobiologica do nitrogenio sob diferentesmanejos com soja. *Rev Bras Ci Solo.* 31: 1397-1412.

Pérez J, Muñoz-Dorado J, De la RT e Martínez J (2002). Biodegradação e tratamentos biológicos de celulose, hemicelulose e lignina: uma visão geral. *Int Micro.* 5: 53-63.

Perez-Ortega S, Suija A, Crespo A e De los Rios A (2014). Os fungos liquenícolas do género *Abrothallus* (Dothideomycetes: Abrothallales ordo nov.) são irmãos dos Janhulales predominantemente aquáticos. *Fungal Diversity.* 64: 295-304.

Perez-Piqueres A, Edel-Hermann V, Alabouvette C e Steinberg C (2006). Resposta das comunidades microbianas do solo a adições de composto. *Soil Biol Biochem.* 38: 460-470.

Phalan B, Onial M, Balmford A e Green RE (2011). Conciliar a produção alimentar e a conservação da biodiversidade: comparação entre a partilha de terras e a poupança de terras. *Sci.* 333: 1289-1291.

Rabinovich ML, Bolobova AV, Vasil'chenko (2004). Decomposição fúngica de estruturas aromáticas naturais e xenobióticos: uma revisão. *Appl Biochem Microbiol.* 40:1-17.

Raffa DW, Bogdanski A e Tittonell P (2015). Como é que a remoção de resíduos de culturas afecta o carbono orgânico do solo e o rendimento? Uma análise hierárquica dos factores de gestão e ambientais. *Biomassa e Bioenergia.* 81: 345-355.

Ramette A (2007). Análises multivariadas em ecologia microbiana. *FEMS Microbiol Eco.* 62: 142-160.

Ramsey PW, Rillig MC, Feris KP, Holben WE e Gannon JE (2006). Escolha de métodos para a análise da comunidade microbiana do solo: PLFA maximiza o poder em comparação com abordagens baseadas em CLPP e PCR. *Pedobiologia.* 50: 275-280.

Ranjard L e Richaume A (2001). Distribuição quantitativa e qualitativa em microescala de bactérias no solo. *Res Micro.* 152(8): 707-716.

Rasool R, Kukal SS e Hira GS (2008). Carbono orgânico do solo e propriedades físicas afectadas pela aplicação a longo prazo de FYM e fertilizantes inorgânicos no sistema milho-trigo. *Soil Till Res.* 101: 31-36.

Razafimbelo T, Barthe B, Larre -Larrouy MC, Luca EFD, Laurent J, Cerri CC e Feller C (2006). Efeito do manejo dos resíduos da cana-de-açúcar (cobertura morta versus queima) sobre a matéria orgânica em um Latossolo argiloso do sul do Brasil. *Agr Ecosyst Environ.* 115: 285-289.

Reanprayoon P (2011). Degradação da palha de arroz por fungos termofílicos em fermentação no estado líquido e sólido. http://agris.fao.org/agris-search/search.do?recordID=PH2013000269

Reese, E.T. e M. Mandel's (1963). Hidrólise enzimática da celulose e seus derivados. In: Whistler L Editor. Methods in Carbohydrate Chemistry, Academic Press New York, London,34: 139-143

Rehman S, Aslam H, Ahmad A, Khan SA e Sohail M (2014). Produção de enzimas de degradação da parede celular vegetal por monocultura e co-cultura de *Aspergillus niger* e *Aspergillus terreus* sob SSF de cascas de banana. *Braz J Microbiol.* 45 (4): 1485-1492.

Robe P, Nalin R, Capellano C, Vogel TM e Simonet P (2003). Extração de ADN do solo. *Eur J Soil Biol.* 39: 183-190.

Robe, P., R. Nalin, C. Capellano, T. M. Vogel, e P. Simonet. (2003). Extração de ADN do solo. *Eur J Soil Biol.* 39: 183-190.

Rodrigues MAM, Pinto P, Bezerra RMF, Dias AA, Guedes CVM, Cardoso VMG, Cone JW, Ferreira LMM, Colaço J e Sequeira CA (2008). Efeito de extractos enzimáticos isolados de fungos de podridão branca na composição química e digestibilidade in vitro da palha de trigo. *Animal Feed Science and Tech.* 141: 326-338.

Roesch LFW, Fulthorpe RR, Riva A, Casella G, Hadwin AKM, Kent AD, Daroub SH, Camargo FAO, Farmerie WG e Triplett EW (2007). Pyrosequencing enumera e contrasta a diversidade microbiana do solo. *ISME J* 1: 283-290.

Ronaghi M e Elahi E (2002). Pyrosequencing for microbial typing. *J Chromatogr B Analyt Technol Biomed Life Sci.* 782 (1-2): 67- 72.

Rothberg JM, Hinz W, Rearick TM, Schultz J, Mileski W, Davey M, Leamon JH, Johnson K, Milgrew MJ e Edwards M (2011). Um dispositivo semicondutor integrado que permite a sequenciação não ótica do genoma. *Nature.* 475(7356): 348-352.

Saenz-de-Santamaria M, Guisantes JA e Martínez J (2006). Actividades enzimáticas de extractos alergénicos de Alternaria alternata e do seu alergénio principal (Alt a 1). *Micoses*, 49: 288-292.

Saetre P (1998). Decomposição, estrutura da comunidade microbiana e efeitos das minhocas ao longo de um gradiente de solo de bétula e abeto. *Eco.* 79: 834-846.

Saha BD (2003). Hemicellulose bioconversion. *J Indus Biotech*, 30: 279-291.

Saharawat YS, Singh B, Malik RK, Ladha JK, Gathala M, Jat ML e Kumar V (2010). Avaliação de métodos alternativos de lavoura e estabelecimento de culturas numa rotação arroz-trigo no Noroeste do IGP. *Field Crop Res.* 116: 260-267.

Sainju UM, Lenssen A, Caesar-Thonthat T e Waddell J (2007). A biomassa das plantas de sequeiro e as fracções de carbono e azoto do solo em terras transitórias são influenciadas pela lavoura e pela rotação de culturas. *Soil Till Res.* 93: 452-461.

Saksena SB (1955). Fator ecológico que rege a distribuição dos microfungos do solo. *J Indian Bot Soc.* 34: 262-269.

Salinas-García JR, Velázquez-García JD, Gallardo-Valdez A, Díaz-Mederos P, Caballero-Hernández F, Tapia-Vargas LM, e Rosales-Robles E (2002). Efeitos da lavoura na biomassa microbiana e na distribuição de nutrientes em solos sob produção de milho em regime de sequeiro no centro-oeste do México. *Soil Till Res.* 66:143-152.

Samra JS, Singh B e Kumar K (2003). Managing crop residues in the rice-wheat system of the Indo-Gangetic plain. In: Ladha JK, Hill JE, Duxbury JM, Gupta RK, Buresh RJ. (Eds.), Improving the Productivity and Sustainability of Rice-wheat Systems: *Issues and Impact. Sociedade Americana de Agronomia, Madison, WI, EUA*. 173-195.

Sánchez C (2009). Resíduos lignocelulósicos: Biodegradação e bioconversão por fungos. *Biotechnol Adv.* 27: 185-194.

Sandhu DK e Arora DS (1985). Produção de lacase por Polyporussanguineus em diferentes condições nutricionais e ambientais. *Experientia.* 41: 355-356.

Sanger F, Nicklen S, Coulson AR (dezembro de 1977). *"Sequenciação de ADN com inibidores de terminação de cadeia". Proc Natl Acad Sci USA.* 74(12): 5463-7.

Saparrat MCN, Rocca M, Aulicino M, Arambarri AM e Balatti PA (2008). Decomposição de folhiço de *Celtistala* e *Scutiabuxifolia* por fungos selecionados em relação às suas propriedades físicas e químicas e atividade enzimática lignocelulolítica. *Eur J Soil Bio.* 44: 400-407.

Saravanakumar K e Kaviyarasan V (2010). Distribuição sazonal dos fungos do solo e propriedades químicas dos tipos de floresta temperada húmida montana de Tamil Nadu. *African J Plant Sci.* 4: 190-196.

Saritha V e Maruthi YA (2010). "SoilFungi: Potenciais micoremediadores de resíduos lignocelulósicos", *BioResource.* 5(2): 920-927.

Sarkar A, Yadav RL, Gangwar B e Bhatia PC (1999). Crop Residues in India.Technical Bulletin. *Direção de Investigação de Sistemas de Cultivo, Modipuram, Índia.*

Saud T, Mandal TK, Gadi R, Singh DP, Sharma SK, Saxena M e Mukherjee A (2011). Estimativas das emissões de partículas (PM) e gases vestigiais (SO2, NOe NO2) provenientes de combustíveis de biomassa utilizados no sector rural da planície indo-gangética, Índia. *Atmos Envir.* 45: 5913-5923.

Schadt CW, Martin AP, Lipson DA e Schmidt SK (2003). Dinâmica sazonal de linhagens de fungos anteriormente desconhecidas em solos de tundra. *Sci.* 301:1359-1361.

Schmidt O (2006). Wood and Tree Fungi: Biology, Damage, Protection, and Use, Capítulo 3: Physiology e Capítulo 4: Wood cell wall degradation. Berlim; Nova Iorque: Springer.

Schmidt TM e Waldron C (2015). Diversidade microbiana em solos de paisagens agrícolas e sua relação com a função do ecossistema. Páginas 135-157 em S. K. Hamilton, J. E. Doll e G. P. Robertson, editores. The Ecology of Agricultural Landscapes: Long-Term Research on the Path to Sustainability. Oxford University Press, Nova Iorque, Nova Iorque, EUA.

Schoch CL, Crous PW, Groenewald JZ, Boehm EWA, Burgess TI, de Gruyter J, de Hoog GS, Dixon LJ, Grube M, Gueidan C, Harada Y, Hatakeyama S, Hirayama K, Hosoya T, Huhndorf SM, Hyde KD, Jones EBG, Kohlmeyer J, Kruys A, Li YM, Lücking R, Lumbsch HT, Marvanová L, Mbatchou JS, McVay AH, Miller AN, Mugambi GK, Muggia L, Nelsen MP e Nelson P (2009). A class-wide phylogenetic assessment of Dothideomycetes. *Stud Myco.* 64: 1-15.

Schoch CL, Seifert KA e Huhndorf A *et al.* (2012). Região do espaçador transcrito interno ribossómico nuclear (ITS) como marcador universal de código de barras de ADN para Fungi. *Proc Natl Acad Sci USA.* 109: 6241-6246.

Schwarz WH (2001). The cellulosome and cellulose degradationby anaerobic bacteria. *Appl Microbiol Biotech.* 56: 634-649.

Seena S e Pascoal C (2010). DNA barcoding of fungi: a case study using ITS sequences for identifying aquatic hyphomycete species. *Fungal Diversity.* 44: 77- 87.

Seneviratne G (2012). Estamos errados na abordagem convencional do biocontrolo? *Curr. Sci.* 103: 1387-1388.

Seneviratne G e Kulasooriya S (2013). Restabelecer a diversidade microbiana do solo nos agroecossistemas: a necessidade da hora para a sustentabilidade e a saúde. *Agric Ecosyst Envir.* 164: 181-182.

Service RF (2006). The race for the $1000 genome. *Sci.* 311: 1544-1546.

Shahriarinour M, Wahab MNA, Mustafa S, Mohamad R e Ariff AB (2011). Efeito de vários pré-tratamentos das fibras do cacho de frutos vazios de palma do solo para uso subsequente como substrato no desempenho da produção de celulase por Aspergillus Terreus. *BioResource.* 6(1): 291-307.

Sharma A, Khare SK e Gupta MN (2001). Hidrólise da casca de arroz por *Aspergillus nigercellulase* reticulada. *Bioresource Technol.* 78: 281-284.

Sharma A, Sharma R, Arora A, Shah R, Singh A, Pranaw K e Nain L (2014). Percepções sobre a compostagem rápida de palha de arroz aumentada com um consórcio de microrganismos eficiente *Int J Recycl Org Waste Agricult.* 3: 54.

Sharma P, Singh G e Singh RP (2013). A lavoura de conservação e o abastecimento de água ideal melhoram as actividades das enzimas microbianas (glucosidase, urease e fosfatase) nos campos de cultivo de trigo durante várias práticas de gestão do azoto. *Arquivos de Agronomia e Ciência do Solo.* 59(7): 911-928.

Sharma PC, Jat HS, Virender K, Gathala MK, Ashim Datta, Yaduvanshi, NPS, Choudhary M, Sheetal S, Singh LK, Yashpal S, Yadav AK, Ankita P, Sharma DK, Gurbachan S, Ladha JK e McDonald A (2015). Oportunidades de intensificação sustentável nos sistemas cerealíferos actuais e futuros do Noroeste da Índia. Boletim Técnico, Instituto Central de Investigação da Salinidade do Solo, Karnal Índia. 46.

Sharma SK e Sharma SN (2004) Integrated nutrient management for sustainabilityof rice-wheat cropping system. *Indian J Agric Sci.* 72:573-576

Sharma SN e Prasad R (2002). Effect of Crop Residue with and without a culture of cellulolytic fungi on yield, npk uptake and soil fertility under rice-wheat cropping system, *Archives of Agronomy and Soil Sci.* 48(4): 363-370.

Shearer CA, Raja HA, Miller AN, Nelson P, Tanaka K, Hirayama K, Marvanová L, Hyde KD e Zhang Y (2009). A filogenia molecular de Dothideomycetes de água doce. *Stud Mycol.* 64: 145-153.

Shen XL e Xia LM (2003). Estudos sobre celobiase imobilizada. (Artigo em chinês). *Sheng Wu Gong Cheng Xue Bao.* 19(2): 236-239.

Shendure J e H Li (2008). Sequenciação de ADN de nova geração. *Nat Biotech.* 26: 1135-1145.

Shukla AK, Tiwari BK e Mishra RR (1990). Decomposição da folhada de batata em relação à população microbiana e aos nutrientes das plantas em condições de campo. *Pedobiologia.* 34: 287-298.

Sidhu BS, Beri V e Gosal SK (1995). Saúde microbiana do solo afetada pela gestão de resíduos de culturas. In: *Actas do Simpósio Nacional sobre Desenvolvimentos na Ciência do Solo, Ludhiana, Índia* (pp. 45-46). Nova Deli, Índia: Sociedade Indiana de Ciência do Solo. 2-5 de novembro, 1995.

Silva AP, Babujia LC, Franchini JC, Souza RA e Hungria M (2010). Biomassa microbiana sob vários sistemas de manejo do solo e da cultura em experimentos de curto e longo prazo no Brasil. *Field Crop Res.* 119: 20-26.

Silva AP, Babujia LC, Matsumoto LS, Guimaraes MF e Hungria M (2013). Diversidade bacteriana sob diferentes sistemas de preparo do solo e rotação de culturas em um oxisol do sul do Brasil. *Open Agric J.* 7: 40-47.

Sinegani AAS, Emtiazi G, Hajrasuliha S, e Shariatmadari H (2005). "Biodegradação de alguns resíduos agrícolas por fungos em culturas submersas agitadas", *African J Biotechnol.* (10): 1058-1061.

Singh A, Abidi AB, Darmwal NS e Agrawal AK (1989). Produção de proteína e celulase por *Aspergillus niger* AS101 em cultura em estado sólido. *MIRCEN J*, 5: 451-456.

Singh B, Rengel Z e Bowden JW (2004). Decomposição de resíduos de canola: o efeito do tamanho das partículas na respiração microbiana e no ciclo do enxofre num solo arenoso. Super Soil. www.regional.org.au/au/asssi.

Singh Y e Singh B (2001). Gestão eficiente da nutrição primária no sistema arroz-trigo. In: Tataki PK. (ed) The rice-wheat cropping systems of South Asia: Efficient production management. *Food Products Press. Nova Iorque, EUA.* 23-85.

Singh Y, Singh B e Timsina J (2005). Gestão de resíduos de culturas para o ciclo de nutrientes e melhoria da produtividade do solo em sistemas de cultivo à base de arroz nos trópicos. *Adv Agron.* 85: 269-407.

Singhania RR, Saini JK, Saini R, Adsul M, Mathur A, Gupta R e Tuli, DK (2014). Produção de bioetanol a partir de palha de trigo *por* via enzimática empregando celulases de *Penicillium janthinellum. Biresource Technol.* 169: 490-495.

Sipos B, Benko Z, Dienes D, Reczey K, Viikari L e Siika-aho M (2010). Caracterização das actividades específicas e das propriedades hidrolíticas das enzimas de degradação da parede celular produzidas por Trichoderma reesei Rut C30 em diferentes fontes de carbono. *Appl Biochem Biotech.* 161: 347-364.

Sirisena DM e Manamendra TP (1995). Isolamento e caraterização de bactérias celulolíticas da palha de arroz em decomposição. *J Natn Sci Coun Sri Lanka.* 23(1): 25-30.

Six J, Feller C, Denef K, Ogle SM, Sa JCD e Albrecht A (2002). Matéria orgânica do solo, biota e agregação em solos temperados e tropicais - efeitos do plantio direto. *Agronomie.* 22: 755-775.

Smith NR e Dawson VT (1944). A ação bacteriostática do rosa bengala em meios utilizados para a contagem em placas de fungos do solo. *Soil Sci.* 58: 467-471.

Soares FL, Jr Melo IS, Dias AC e Andreote FD (2012).Bactérias celulolíticas de solos em ambientes agressivos. *World J Microbiol Biotech.* 28: 2195-2203.

Sohail M, Ahmad A e Khan SA (2011). Produção de celulases a partir de *alternaria* sp. Ms28 e sua caraterização parcial. *Pak J Bot.* 43(6): 3001-3006.

Sohail M, Ahmad A e Khan SA (2014). Estudos comparativos sobre a produção de celulases de três estirpes de *aspergillus niger. Pak J Bot.* 46(5): 1911-1914.

Song F, Tian X, Fan X, He X (2010). A capacidade de decomposição de fungos filamentosos em lixo está envolvida numa floresta mista subtropical. *Mycologia.* 102: 20-26.

Sorgatto M, Guimarães NCA, Zanoelo FF, Marques MR, Peixoto-Nogueira SC e Giannesi GG (2012). Purificação e caraterização de uma xilanase extracelular produzida pelo fungo endofítico, *Aspergillus terreus*, cultivado em fermentação submersa. *African J Biotechnol.* 11(32): 8076-8084.

Souza de WR (2013). Degradação microbiana de biomassa lignocelulósica. Degradação sustentável de biomassas lignocelulósicas - Técnicas, Aplicações e Comercialização, INTECH, 207-247.

Stahl PD e Christensen M (1992). Interações miceliais in vitro entre membros de uma comunidade de microfungos do solo. *Soil Biol Biochem.* 24: 309-316.

Steenbakkers PJM, Harhangi HR, Bosscher MW, van der Hooft MMC, Keltjens JT, van der Drift C (2003). A beta-glucosidase no celulossoma do fungo anaeróbio Piromyces sp estirpe E2 é uma hidrolase de glicosídeo da família 3. *Biochem J.* 370:963-970

Stromberger ME (2005). Comunidades fúngicas de agroecossistemas. In: Dighton J, White JF, Oudemans P (eds) The fungal community: its organization and role in the ecosystem, 3rd edn. CRC Press, Boca Raton. 813-832.

Struz AV e Christie BR (2003). Alelopatias microbianas benéficas na zona radicular: a gestão da qualidade do solo e das doenças das plantas com rizobactérias. *Soil Till Res.* 72:107-123.

Suzuki C, Nagaoka K, Shimada A e Takenaka M (2009). As comunidades bacterianas são mais dependentes do tipo de solo do que do tipo de fertilizante, mas o inverso é verdadeiro para as comunidades de fungos. *Soil Sci Plant Nutri.* 55(1): 80- 90.

Swer H, Dkhar MS e Kayang H (2011). População e diversidade de fungos em solos agrícolas organicamente alterados de Meghalaya, ÍNDIA. *J Org Sys.* 6(2): 3- 12.

Szijarto N, Szengyel Z, Liden G e Reczey K (2004). Dinâmica da produção de celulase por culturas de *Trichodermareesei* Rut-C30 cultivadas em glucose como resposta à adição de celulose. *Appl Biochem Biotechnol*. 115: 113-116.

Tai SK, Lin HP, Kuo J e Liu JK (2004). Isolamento e caraterização de uma estirpe celulolítica Geobacillus thermoleovorans T4 a partir de águas residuais de uma refinaria de açúcar. *Extremophiles*. 8: 345-349.

Tardy V, Chabbi A, Charrier X, de Berranger C, Reignier T, Dequiedt S (2015). A história do uso da terra muda as sucessões fúngicas e bacterianas *in situ* após a entrada da palha de trigo no solo. *PLoS ONE*. 10(6): e0130672.

Taylor JW, Jacobson DJ, Kroken S, Kasuga T, Geiser DM, Hibbett DS e Fisher MC (2000). Phylogenetic species recognition andspecies concepts in fungi. *Fungal Genet Bio*. 31: 21-32.

Taylor LE, Henrissat B, Coutinho PM, Ekborg NA, Hutcheson SW e Weiner RM (2006). Sistema completo de celulase na bactéria marinha *Saccharophagus degradans* estirpe 2-40T. *J Bacterio*. 1188: 3849-3861.

Teather RM e Wood PJ (1982). Utilização das interações polissacáridas do vermelho do Congo formação de complexos entre o vermelho do Congo e o polissacárido na deteção e ensaio de hidrolases de polissacáridos. *Methods Enzymo*. 160: 59-74.

Tejada M, Gonzalez JL, Garcia-Martinez AM e Parrado J (2008). Aplicação de um adubo verde e de um adubo verde compostado com vinhaça de beterraba na recuperação do solo: efeitos nas propriedades do solo. *Bioresource Technol*. 99(11): 4949-4957.

TenHave R e Teunissen PJM (2001). Mecanismos oxidativos envolvidos na degradação da lignina por fungos da podridão branca. *Chem Rev*. 11: 3397-414.

Terrasan CRF, Temer B, Duarte MCT e Carmona EC (2010). Produção de enzimas xilanolíticas por *Penicillium janczewskii*. *Bioresource Technol*. 101(11): 4139-4143.

Thomma BPH (2003). Alternaria spp.: de saprófita geral a parasita específico. *Mol Plant Pathol*. 4(4): 225-236.

Thurston FF (1994). The structure and function of fungal laccase", *Microbiol*. 140: 19-26.

Timsina J e Connor DJ (2001). Productivity and management of rice-wheat cropping systems: Issues and challenges. *Field Crop Res*. 69: 93-132.

Tischer S (2005). Biomassa microbiana e actividades enzimáticas em locais de monitorização do solo na Saxónia-Anhalt, Alemanha. *Arch Agron Soil Sci*. 51: 673-685.

Tisdale SL, Nelson WL e Beaton JD (1985). Soil Fertility and Fertilizers (Fertilidade do Solo e Fertilizantes). Macmillan Publishing Company, Nova Iorque.

Tiwari VN, Pathak AN e Lehri LK (1987). Efeito da incorporação de resíduos vegetais por diferentes métodos em condições inoculadas e não inoculadas em culturas de trigo. *Biol Waste*. 21(4): 267-273.

Toca-Herrera JL, Osma JF e Couto SR (2007). Potencial da fermentação em estado sólido para a produção de lacase. In: Communicating Current Research and Educational Topics and Trends in Applied Microbiology A. Méndez-Vilas (Ed.) Formex, Badajoz, pp391-400.

Torsvik V, Golsoyr J e Daae F (1990). High diversity inDNA of soil bacteria. *Appl Envir Micro*. 56: 782-787.

Tringe S, Mering CV, Kobayashi A, Salamov A, Chen K, Chang H, Podar M, Short J, Mathur E, Detter J, Bork P, Hugenholtz P e Rubin E (2005). Metagenómica comparativa de comunidades microbianas. *Sci*. 308: 554-557.

Tuomela M, Vikman M, Hatakka A e Itavaava M (2000). Biodegradação da lenhina num ambiente de composto: uma revisão. *Bioresour Technol*. 72: 169-183.

Turenne CY, Sanche SE, Hoban DJ, Karlowsky JA e Kabani AM (1999). Identificação rápida de fungos utilizando a região genética ITS2 e um sistema automatizado de eletroforese capilar fluorescente. *J Clin Micro*. 37: 1846-1851.

Turmel MS, Speratti A, Baudron F, Verhulst N e Govaerts B (2015). Gestão de resíduos de culturas e saúde do solo: uma análise de sistemas. *Agric Syst*. 134: 6-16.

Tyson GW, Chapman J, Hugenholtz P, Allen EE, Ram RJ, Richardson PM, Solovyev VV, Rubin EM, Rokhsar DS e Banfield JF (2004). Community structure and metabolism through reconstruction of microbial genomes from the environment (Estrutura comunitária e metabolismo através da reconstrução de genomas microbianos do ambiente). *Nature*. 428(6978): 37-43.

Upchurch R, Chiu CY, Everett K, Dyszynski G, Coleman DC e Whitman WB (2008). Differences in the composition and diversity of bacterial communities from agricultural and forest soils (Diferenças na composição e diversidade de comunidades bacterianas de solos agrícolas e florestais). *Soil Biol Biochem*. 40 (6): 1294-1305.

Urbanove M, Šnajdr J e Baldrian P (2015). A composição das comunidades fúngicas e bacterianas na serapilheira e no solo da floresta é amplamente determinada pelas árvores dominantes. *Soil Biol Biochem*. 84: 53-64.

Urich T, Lanzen A, Qi J, Huson DH, Schleper C e Schuster SC (2008). Avaliação simultânea da estrutura e função da comunidade microbiana do solo através da análise do meta-transcriptoma. *PLoS ONE*. 3: 2527.

Usuki K, Yamamoto H e Tazawa J (2007). Efeitos da cultura anterior e do sistema de lavoura no crescimento do milho e na associação simbiótica com fungos micorrízicos arbusculares na região central do Japão. *Jpn J Crop Sci*. 76: 394-400.

Utomo RZ, Bachruddin BP, Widyobroto M, Soejono e Antari R (2006). A utilização de fezes de cabra como recursos microbianos e de enzimas microbianas como substituto do licor ruminal. *Boletim Peternakan*. 30(3): 106-114.

Valaskova V e Baldrian P (2006). Degradação de celulose e hemiceluloses pelo fungo da podridão castanha *Piptoporus betulinus* produção de enzimas extracelulares e caraterização das principais celulases. *Microbiol*. 152: 3613-3622.

Van DB (2003). Extremophiles as a source for novel enzymes. *Curr Opin Micro*. 6: 213-218.

Van Soest PJ, Robertson JB e Lewis BA (1991). Simpósio: Carbohydrate methodology, metabolism and nutritional implications in dairy cattle. Métodos para a fibra alimentar, fibra detergente neutra e polissacáridos não amiláceos em relação à nutrição animal. *J Dairy Sci*. 74: 3583-3597.

Vargas-García MC, Suárez-Estrellaa F, Lópeza MJ e Morenoa J (2007). Estudos in vitro sobre a degradação da lignocelulose por estirpes microbianas isoladas de processos de compostagem. *Int Biodeter Biodegra*. 59: 322-328.

Varma S e Mathur RS (1990). The effects of microbial inoculation on the yield of wheat when grown in straw-amended soil. *Biol Waste*. 33(1): 9-16.

Veeken AHM, Adani F, Nierop KGJ, Jager PA e Hamelers HVM (2001). Degradação de biomacromoléculas durante a compostagem a alta velocidade de fezes misturadas com palha de trigo. *J Environ Qual*. 30: 1675-1684.

Venter JC, Remington K, Heidelberg JF, Halpern AL, Rusch D, Eisen JA, Wu D, Paulsen I, Nelson KE, Nelson W, Fouts DE, Levy S, Knap AH, Lomas MW, Nealson K, White O, Peterson J, Hoffman J, Parsons R, Baden Tillson H, Pfannkoch C, Rogers YH e Smith HO (2004). Sequenciação do genoma ambiental do Mar dos Sargaços. *Sci*. 304 (5667): 66-74.

Ventorino V, Aliberti A, Faraco V, Robertiello A, Iacobbe S, Ercolini D, Amore A, Fagnano M e Pepe O (2015). Explorando a dinâmica da microbiota relacionada à degradação da biomassa vegetal e estudo de bactérias degradadoras de linocelulose para aplicação biotecnológica industrial. Scientific reports 5, Artigo unber8161. doi:10.1038/srep08161

Verhulst N, Sayre KD, Vargas M, Crossa, J, Deckers J e Raes D (2011). Rendimento do trigo e sistema de gestão de palha de lavoura × interação do ano explicada por variáveis climáticas para um sistema de plantio de leito irrigado no noroeste do México. *Field Crops Res*. 124: 347-356.

Viji J e Neelenarayanan P (2015). Eficácia dos fungos lignocelulolíticos na biodegradação da palha de arroz. *Int J Environ Res*. 9: 232-252.

Vuorinen AH (2000). Efeito do agente de volume nas actividades da fosfomonoesterase ácida e alcalina e da b-D-glucosidase durante a compostagem de estrume. *Bioresource Tech.* 75: 113-138.

Vyas A, Vyas D e Vyas KM (2005). Produção e otimização de celulases em casca de amendoim pré-tratada por *Aspergillus terreus* AV 49. *J Sci Ind Res.* 64: 281-286.

Waldrop MP, Balser TC e Firestone MK (2000). Ligação da composição da comunidade microbiana à função num solo tropical. *Soil Biol Biochem.* 32: 1837-1846.

Walkley, A. e I. A. Black. (1934). Um exame do método Degtjareff para determinar a matéria orgânica do solo e uma proposta de modificação do método de titulação com ácido crómico. *Soil Sci.* 37: 29-37.

Wanapat M (2003). Estudo comparativo entre o búfalo do pântano e o gado nativo sobre a digestibilidade dos alimentos e a potencial transferência da digesta ruminal do búfalo para o gado. *Asian-Aust. J. Anim. Sci.* 16(4): 504-510.

Wang JT, Zheng YM, Hu HW, Zhang LM, Ji J e He JZ (2015). O pH do solo determina a diversidade alfa, mas não a diversidade beta da comunidade de fungos do solo ao longo da altitude em um ecossistema típico da floresta tibetana. *J Soils and Sedi.* 15(5): 1224-1232.

Wang M, Shi S, Lin F e Jiang P (2014). Resposta da comunidade fúngica do solo a mudanças ambientais multifatoriais em uma floresta temperada. *Eco do solo aplicado.* 81: 45-56.

Wang Q, Garrity GM, Tiedje JM e Cole JR (2007). Naive Bayesian classifier for rapid assignment of rRNA sequences into the new bacterial taxonomy. *Appl Environ Microb.* 73(16): 5261-5267.

Wang Y, Tu C, Cheng L, Li C, Gentry LF, Hoyt GD, Zhang X e Hu S (2011). Impacto a longo prazo das práticas agrícolas no carbono orgânico do solo e nos reservatórios de azoto e na biomassa e atividade microbianas. *Soil Till Res* 117: 8-16.

Wang Y, Xu J, Shen J, Luo Y, Scheu S e Ke X (2010). A lavoura, a queima de resíduos e a rotação de culturas alteram a comunidade de fungos do solo e a agregação estável da água em campos aráveis. *Soil Till Res.* 107(2): 71-79.

Wang Z, Binder M, Schoch CL, Johnston PR, Spatafora JW e Hibbett DS (2006). Evolução dos fungos helotialeanos (Leotiomycetes, Pezizomycotina): A nuclear rDNA phylogeny. *Mol Phylogenetics Evo.* 41(2): 295-312.

Ward M, Wu S, Dauberman J, Weiss G, Larenas E, Bower B, Rey M, Clarkson K e Bott R (1993). Clonagem, sequenciação e análise estrutural preliminar de uma pequena endoglucanase (EGIII) de alto I do Trichoderma reesei (Suominen, P. e Reinikainen,T., Eds.), Trichoderma reesei cellulases and other hydrolases (TRICEL 93). Kirk-konummi, Finlândia.

Ward OP, Qin WM, Dhanjoon J, Ye J e Singh A (2005). Fisiologia e biotecnologia de *Aspergillus*. *Adv Appl Microb*, 58: 1-75.

Wardle DA (1995). Impactos da perturbação nas redes alimentares de detritos em agroecossistemas de práticas contrastantes de lavoura e manejo de ervas daninhas, em: M. Begon (Ed.), *Advances in Ecological Res*, vol. 26. Academic Press, Nova Iorque. 105-185.

Wardle DA, Bardgett RD, Klironomos JN, Setala H, van der Putten WH e Wall DH (2004). Ecological linkages between aboveground and belowground biota. *Sci.* 304: 1629-1633.

Wardle DA, Yeates GW, Barker GM e Bonner KI (2006). The influence of plant litter diversity on decomposer abundance and diversity (A influência da diversidade da folhada vegetal na abundância e diversidade dos decompositores). *Soil Biol Biochem.* 38: 1052-1062.

Watanabe T (2002). Pictorial Atlas of Soil and Seed Fungi (Atlas pictórico dos fungos do solo e das sementes). Segunda edição.

Weber S, Stubner S e Conrad R (2001). Populações bacterianas que colonizam e degradam a palha de arroz em solo anóxico de arroz. *Appl Environ Micro.* 67: 1318-1327.

White, P.M. e Rice, C.W., 2009. Efeitos da lavoura na dinâmica microbiana e de carbono durante a decomposição de resíduos vegetais. *Soil Science Society of America Journal*, 73(1), pp.138-145.

Whitman W, Coleman D e Wiebe W (1998). Prokaryotes: the unseen majority. *Proc. Natl. Acad. Sci.* USA 95:6578-6583.

Wikipedia.com. http://en.wikipedia.org/wiki/DNA sequencing/.

Wilhelm WW, Johnson JMF, Hatfield JL, Vorhees WB e Linden DR (2004). Resposta da produtividade das culturas e do solo à remoção de resíduos de milho: uma revisão da literatura. *Agron J* 78: 184-189.

Wilhelm WW, Johnson JMF, Karlen DL e Lightle DT (2007). A palha de milho para manter o carbono orgânico do solo restringe ainda mais o fornecimento de biomassa. *Agron J.* 99: 1665-1667.

Willekens K, Vandecasteele B, Buchan D e Neve SD (2014). A qualidade do solo é positivamente afetada pela redução da lavoura e do composto em um sistema intensivo de cultivo de vegetais. *Appl Soil Eco.* 82: 61-71.

Wipusaree N, Sihanonth P, Piapukiew J, Sangvanich P e Karnchanatat A (2011). Purificação e caraterização de uma xilanase do fungo endofítico alternaria alternata isolado da planta medicinal tailandesa, croton oblongifolius roxb. *Afr J Microbiol Res.* 5: 5697-5712.

Wojtczak G, Breuil C, Yamuda J e Saddler JN (1987). A comparisionof the thermostability of cellulose from various thermophilicfungi. *Appl Miocrobiol Biotech.* 27: 82-87.

Wolf B e Snyder GH (2003). Sustainable soils: the place of organic matter in sustaining soils and their productivity. Nova Iorque, EUA. 352.

Woo HL, Hazen TC, Simmons BA e DeAngelis KM (2014). Actividades enzimáticas de bactérias lignocelulolíticas aeróbias isoladas de solos de florestas tropicais húmidas. *Syst Appl Microbiol.* 37: 60-67.

Wood TM (1991). Celulose fúngica. In: Biosynthesis and biodegredation of cellulose, Haigler, C.H. e P.J. Weimer (Eds). Macel Dekker Inc., New Work, pp: 491-534.

Wu L , Feng S, Nie Y, Zhou J, Yang Z e Zhang J (2015). Atividade da celulase do solo e respostas da comunidade fúngica à degradação de zonas húmidas no Planalto de Zoige. *China J Mountain Sci.* 12(2): 471-482.

Wuest SB, Caesar TonThat TC, Wright SF e Williams JD (2005). Adição de matéria orgânica, N, e efeitos da queima de resíduos na infiltração, propriedades biológicas e físicas de um solo de argila siltosa intensivamente cultivado. *Soil Til Res.* 84: 154-167.

Xiong XQ, Liao HD, Ma JS, Liu XM, Zhang LY, Shi XW, Yang XL, Lu XN e Zhu YH (2014). Isolamento de uma bactéria endofítica de arroz, *Pantoea* sp. Sd-1, com atividade ligninolítica e caraterização da sua capacidade de degradação da palha de arroz. *Lett Appl Microbiol.* 58: 123-129.

Yadvinder-Singh, Manpreet-Singh, Sidhu H S, Khanna P K, Kapoor S, Jain A K, Singh A K, Sidhu G K, Avtar-Singh, Chaudhary D P e Minhas P S (2010). *Options for Effective Utilization of Crop Residues,* Direção de Investigação, Universidade Agrícola de Punjab, Ludhiana, Índia.

Yin ZW, Fan BQ e Ren P (2011). Isolamento e identificação de um fungo degradador de celulose Y5 e sua capacidade de degradar palha de trigo. *Huan Jing Ke Xue.* 32(1): 247-52.

Yu M, Zhang J, Xu Y, Xiao H, An W, Xi H, Xue Z, Huang H, Chen X e Shen A (2015). Dinâmica da comunidade fúngica e fatores determinantes durante a compostagem de resíduos agrícolas *Environ Sci Pollut Res* (online): 1-8.

Zarnea G (1994). Bases teóricas da ecologia microbiana. In: Tratado de Microbiologia, vol. 5. Bucareste: Editora da Academia Romena: 154-63.

Zeng GM, Yu HY, Huang HL, Chen YN, Huang GH (2006). Actividades de lacase de um fungo do solo *Penicilluim simplicissimum* em relação à degradação da lenhina. *World J. Microbiol Biotechnol.* 22: 317-324.

Zhang L, Li D, Wang L, Wang T, Zhang L, Chen XD e Mao Z (2008). Efeito da explosão a vapor na biodegradação da lenhina na palha de trigo. *Bioresource Tech.* 99: 8512-8515.

Zhang Z, Liu JL, Lan JY, Duan CJ, Ma QS e Feng JX (2014). Predominância de *Trichoderma* e *Penicillium* em fungos filamentosos aeróbicos celulolíticos de florestas subtropicais e tropicais na China, e seu uso na busca de β-glicosidase altamente eficiente. *Biotech Biofuel.* 7: 107.

Zhou S e Ingram LO (2000). Hidrólise sinérgica de carboximetilcelulose e celulose inchada com ácido por duas endoglucanases (CelZ e CelY) de *Erwinia chrysanthemi. J Bacterio,* 1182: 5676-5682.

Zhu L, Hu N, Zhang Z, Xua J, Tao B e Meng Y (2015). Respostas de curto prazo do carbono orgânico do solo e do índice de gestão do pool de carbono a diferentes taxas anuais de retorno de palha em um sistema de cultivo de arroz-trigo. *Catena.* 135: 283-289.

Zhu N (2007). Efeito da baixa relação C/N inicial na compostagem aeróbica de estrume de suínos com palha de arroz. *Bioresource Technol.* 98: 9-13.

Zia MA, Rasul S e Iftikhar T (2012). Efeito da irradiação gama em Aspergillus niger para aumentar a produção de glucose oxidase. *Pak J Bot.* 44(5): 1575-1580.

Zita K, Rimantas V e Steponas R (2012). A influência do tipo de resíduos de colheita em sua taxa de decomposição no solo: um estudo de litterbag; Žemdirbystė Agri Ainsworth GC e Bisby GR (1995). Dicionário dos fungos, Instituto Micológico da Commonwealth Kew, Surrey. 445.

Anexo I

1. Composição dos meios de comunicação
Ágar dextrose de batata (PDA)

Infusão de batata a partir de	200 g/l
Dextrose	20 g/l
Ágar	15 g/l

Ágar Rosa de Bengala (RBA)

Digestão papáica de farinha de soja	5 g/l
Dextrose	10 g/l
Fosfato monopotássico	1 g/l
Sulfato de magnésio	0,50 g/l
Rosa de Bengala	0,05 g/l
Ágar	15 g/l

Ágar Czapek-Dox (CDA)

Sacarose	30 g/l
Nitrato de sódio	2 g/l
Fosfato dipotássico	1 g/l
Sulfato de magnésio	0,50 g/l
Cloreto de potássio	0,50 g/l
Sulfato ferroso	0,01 g/l
Ágar	15 g/l

Agar de carboximetilcelulose (CMC)

CMC-Na	10 g/l
$NH_4\,NO_3$	1 g/l
$KH_2\,PO_4$	1 g/l
Extrato de levedura	1 g/l
$MgSO_4\,.7H\,O_2$	0,50 g/l
Ágar	15 g/l
pH	7

Ácido tânico (AT) Agar

Ácido tânico	10 g/l
$(NH\,)_{42}\,SO_4$	8,76 g/l
$KH_2\,PO_4$	4,38 g/l
$MgSO_4\,.7H\,O_2$	0,88 g/l
$CaCl_2 - 2H_2\quad O$	0,088 g/l
$Na\,MnO_{24} - 2H_2\quad O$	0,0088 g/l
$MnCl_2 - 4H\,O_2$	0,018 g/l
$FeSO_4 - 7H\,O_2$	0,012 g/l
Ágar	20 gm/l
pH	7

Meio de Mandel e Weber (MMW)

$NH_4\,NO_3$	2g/l

KH$_2$ PO$_4$ 2 g/l
MgSO$_4$ .7H O$_2$ 1 g/l
CaCl$_2$ 0,3 g/l
MnSO$_4$ .4H$_2$ O   0,016 g/l
MnCl$_2$ - 4H O$_2$ 0,018 g/l
FeSO$_4$ - 7H O$_2$ 0,005 g/l
ZnSO$_4$ .7H O$_2$ 0,034 g/l
CoCl$_2$ .6H O$_2$ 0,002 g/l
Ágar   20 g/l
pH   7

2. Curva-padrão de açúcares

Curva padrão de glicose para CMCase

Solução-mãe de glucose: Solução-mãe de glucose 4mg/ml em tampão citrato 0,1 M de pH 4,8

Diluições:

     1ml + 0,5ml de tampão =1:1,5= 2,66 mg/ml (1,33mg/0,5 ml)
     1ml + 1ml de tampão =1:2   = 2 mg/ml (1,0mg/0,5 ml)
     1ml + 2ml de tampão =1:3 = 1,33 mg/ml (0,67 mg/0,5 ml)
     1ml + 3ml de tampão =1:4 = 1 mg/ml (0,5 mg/0,5 ml)
     1ml + 7ml de tampão =1:8 = 0,5 mg/ml (0,25 mg/0,5 ml)

Curva padrão de glicose para FPase

Solução-mãe de glucose: Solução-mãe de glucose a 10 mg/ml em tampão citrato 0,1 M de pH 4,8

Diluições:

     1ml + 1,5ml de tampão =1:2,5 = 4 mg/ml (2 mg/0,5 ml)
     1ml + 2ml de tampão =1:3 = 3,3 mg/ml (1,65 mg/0,5 ml)
     1ml + 4ml de tampão =1:5 = 2 mg/ml (1,0 mg/0,5 ml)
     1ml + 9ml de tampão =1:10 = 1 mg/ml (0,5 mg/0,5 ml)
     1ml + 19ml de tampão =1:20 = 0,5 mg/ml (0,25 mg/0,5 ml)

Curva padrão de xilose para xilanase

Solução-mãe de xilose: Solução-mãe de xilose a 10 mg/ml em tampão citrato 0,1 M de pH 4,8

Diluições:

     1 ml + 1 tampão =1:2 = 5 mg/ml (2,5 mg/0,5 ml)
     1ml + 2ml de tampão =1:3 = 3,3 mg/ml (1,65 mg/0,5 ml)
     1ml + 4ml de tampão =1:5 = 2 mg/ml (1,0 mg/0,5 ml)
     1ml + 9ml de tampão =1:10 = 1 mg/ml (0,5 mg/0,5 ml)
     1ml + 19ml de tampão =1:20 = 0,5 mg/ml (0,25 mg/0,5 ml)

3. Tampão de extração - pH 8,0 (1L)

     280 mL de NaCl 1,4M
     40 ml de EDTA 20 mM
     20 g de CTAB (brometo de cetiltrimetil amónio)

100 mM Tris-Hcl (pH ajustado)
Antes de iniciar as extracções, adicionar por acesso:
50 mL de ß-mercaptoetanol

4. Tampão TE - pH 8,0 (1L)
10 mL de Tris-HCl 10 mM,
2 mL de EDTA mM

Anexo II

Distribuição dos taxa em diferentes cenários, aqui Sc I, Sc II, Sc II e Sc IV denota o cenário I, cenário II, cenário III e cenário IV, respetivamente.

1. Distribuição das classes

Classificação taxonómica	Esc I	Esc II	Esc III	Esc IV
Ascomycota ; Ascomycota (classe)	629	1834	1131	937
Ascomycota ; Dothideomycetes	4234	11780	10505	5894
Ascomycota ; Eurotiomycetes	846	1802	518	1011
Ascomycota ; Leotiomycetes	0	0	70	14
Ascomycota ; Pezizomycetes	0	325	0	0
Ascomycota ; Saccharomycetes	0	546	11	380
Ascomycota ; Sordariomycetes	11488	54222	12811	13801
Ascomycota ; Desconhecido	396	1256	1308	1138
Basidiomycota ; Agaricomycetes	149	70	0	0
Basidiomycota ; Tremellomycetes	157	110	1165	213
Basidiomycota ; Wallemiomycetes	0	0	0	3
Glomeromycota ; Archaeosporomycetes	499	90	211	920
Glomeromycota ; Glomeromycetes	578	84	0	37
Desconhecido ; Desconhecido	0	184	5	20

2. Distribuição da encomenda

Classificação taxonómica	Esc I	Esc II	Esc III	Esc IV
Asco ; Ascomia (classe) ; Ascomia (ordem)	629	1834	1131	937
Asco ; Dothideomycetes ; Botryosphaeriales	0	33	2	112
Asco ; Dothideomycetes ; Capnodiales	183	481	1139	1285
Asco ; Dothideomycetes ; Dothideomycetes (ordem)	982	1829	5455	1165
Asco ; Dothideomycetes ; Pleosporales	3069	9437	3909	3332
Asco ; Eurotiomycetes ; Eurotiales	846	1752	518	1011
Asco ; Eurotiomycetes ; Onygenales	0	50	0	0
Asco ; Leotiomycetes ; Helotiales	0	0	70	14
Asco ; Pezizomycetes ; Pezizales	0	325	0	0
Asco ; Saccharomycetes ; Saccharomycetales	0	546	11	380
Asco ; Sordariomycetes ; Coniochaetales	0	66	195	213
Asco ; Sordariomycetes ; Glomerellales	680	354	0	0
Asco ; Sordariomycetes ; Hypocreales	3773	14897	4077	5063
Asco ; Sordariomycetes ; Magnaporthales	213	706	476	5
Asco ; Sordariomycetes ; Microascales	0	259	213	319
Asco ; Sordariomycetes ; Sordariales	5586	29182	4746	6783

Asco ; Sordariomycetes ; Sordariomycetes (ordem)	0	368	874	284
Asco ; Sordariomycetes ; Trichosphaeriales	362	6567	508	683
Asco ; Sordariomycetes ; Desconhecido	443	825	310	13
Asco ; Sordariomycetes ; Xylariales	431	998	1412	438
Asco ; Desconhecido ; Desconhecido	396	1256	1308	1138
Basidio ; Agaricomycetes ; Auriculariales	149	70	0	0
Basidio ; Tremellomycetes ; Cystofilobasidiales	2	0	0	0
Basidio ; Tremellomycetes ; Tremellales	155	110	1165	213
Basidio ; Wallemiomycetes ; Wallemiales	0	0	0	3
Fungi (filo) ; Fungi (classe) ; Mortierellales	7	1	0	0
Glomero ; Archaeosporomycetes ; Archaeosporales	499	90	211	920
Glomero ; Glomeromycetes ; Diversisporales	183	2	0	14
Glomero ; Glomeromycetes ; Glomerales	395	82	0	23
Desconhecido ; Desconhecido ; Desconhecido	0	184	5	20

3. Distribuição da família

Classificação taxonómica	Esc I	Esc II	Esc III	Esc IV
Ascomycota ; Asco (classe) ; Asco (ordem) ; Asco (família)	629	1834	1131	937
Asco ; Dothideomycetes ; Botryosphaeriales ; Botryosphaeriaceae	0	33	2	112
Asco ; Dothideomycetes ; Capnodiales ; Capnodiaceae	0	0	0	9
Asco ; Dothideomycetes ; Capnodiales ; Davidiellaceae	98	284	1130	1207
Asco ; Dothideomycetes ; Capnodiales ; Dissoconiaceae	0	44	0	0
Asco ; Dothideomycetes ; Capnodiales ; Mycosphaerellaceae	85	153	9	69
Asco ; Dothideomycetes ; Dothideomycetes ; Dothideomycetes	982	1829	5455	1165
Asco ; Dothideomycetes ; Pleosporales ; Leptosphaeriaceae	62	10	420	278
Asco ; Dothideomycetes ; Pleosporales ; Massarinaceae	0	0	77	16
Asco ; Dothideomycetes ; Pleosporales ; Phaeosphaeriaceae	263	876	1814	85
Asco ; Dothideomycetes ; Pleosporales ; Pleosporaceae	2697	7786	961	1724
Asco ; Dothideomycetes ; Pleosporales ; Sporormiaceae	47	682	624	1096
Asco ; Dothideomycetes ; Pleosporales ; Desconhecido	0	83	13	133
Asco ; Eurotiomycetes ; Eurotiales ; Trichocomaceae	846	1752	518	1011

Asco ; Eurotiomycetes ; Onygenales ; Arachnomycetaceae	0	50	0	0
Asco ; Leotiomycetes ; Helotiales ; Helotiaceae	0	0	0	14
Asco ; Leotiomycetes ; Helotiales ; Helotiales	0	0	70	0
Asco ; Pezizomycetes ; Pezizales ; Ascodesmidaceae	0	325	0	0
Asco ; Saccharomycetes ; Saccharomycetales ; Dipodascaceae	0	480	11	0
Asco ; Saccharomycetes ;Saccharomycetales ;Saccharomycetales	0	66	0	380
Asco ; Sordariomycetes ; Coniochaetales ; Coniochaetaceae	0	66	195	213
Asco ; Sordariomycetes ; Hypocreales ; Bionectriaceae	0	1719	167	366
Asco ; Sordariomycetes ; Hypocreales ; Clavicipitaceae	0	0	1	31
Asco ; Sordariomycetes ; Hypocreales ; Hypocreales (família)	1935	3066	572	965
Asco ; Sordariomycetes ; Hypocreales ; Nectriaceae	1638	10059	3337	3701
Asco ; Sordariomycetes ; Hypocreales ; Desconhecido	200	53	0	0
Asco ; Sordariomycetes ; Magnaporthales ; Magnaporthaceae	213	706	476	5
Asco ; Sordariomycetes ; Microascales ; Gondwanamycetaceae	0	0	0	35
Asco ; Sordariomycetes ; Microascales ; Halosphaeriaceae	0	259	213	284
Asco ; Sordariomycetes ; Sordariales ; Chaetomiaceae	1145	4732	159	1101
Asco ; Sordariomycetes ; Sordariales ; Lasiosphaeriaceae	2814	22640	2696	2315
Asco ; Sordariomycetes ; Sordariales ; Sordariaceae	43	918	192	2559
Asco ; Sordariomycetes ; Sordariales ; Sordariales (família)	1584	836	821	571
Asco ; Sordariomycetes ; Sordariales ; Desconhecido	0	56	878	237
Asco ; Sordariomycetes ; Sordariomycetes (ordem) ; Sordariomycetes (família)	0	368	874	284
Asco ; Sordariomycetes ; Trichosphaeriales ; Trichosphaeriales (família)	362	6567	508	683
Asco ; Sordariomycetes ; Desconhecido ; Desconhecido	443	825	310	13
Asco ; Sordariomycetes ; Xylariales ; Coniocessiaceae	43	11	2	32
Asco ; Sordariomycetes ; Xylariales ; Xylariaceae	0	76	206	394
Asco ; Sordariomycetes ; Xylariales ; Xylariales (família)	388	911	1204	12
Asco ; Desconhecido ; Desconhecido ; Desconhecido	396	1256	1308	1138

Classificação taxonómica	Cenário I	Cenário II	Cenário III	Cenário IV
Basidio ; Agaricomycetes ; Auriculariales ; Auriculariales (família)	149	70	0	0
Basidio ; Tremellomycetes ; Cystofilobasidiales ; Cystofilobasidiales	2	0	0	0
Basidio ; Tremellomycetes ; Tremellales ; Tremellaceae	0	0	10	55
Basidio ; Tremellomycetes ; Tremellales ; Tremellales (família)	155	110	1155	158
Basidio ; Wallemiomycetes ; Wallemiales ; Wallemiales	0	0	0	3
Fungi (filo) ; Fungi (classe) ; Mortierellales ; Mortierellaceae	7	1	0	0
Glomero ; Archaeosporomycetes ; Archaeosporales ; Ambisporaceae	0	17	0	0
Glomero ;Archaeosporomycetes ; Archaeosporales;Archaeosporaceae	499	73	211	920
Glomero ; Glomeromycetes ; Diversisporales ; Scutellosporaceae	183	2	0	14
Glomero ; Glomeromycetes ; Glomerales ; Glomeraceae	395	82	0	23
Desconhecido ; Desconhecido ; Desconhecido ; Desconhecido	0	184	5	20

4. Distribuição do género

Classificação taxonómica	Cenário I	Cenário II	Cenário III	Cenário IV
Asco ; Asco (classe) ; Asco (ordem) ; Asco (família) ; Acremonium	236	1314	100	211
Asco ; Asco (classe) ; Asco (ordem) ; Asco (família) ; Dokmaia	393	130	85	130
Asco ; Asco (classe) ; Asco (ordem) ; Asco (família) ; Humicola	0	0	941	462
Asco ; Asco (classe) ; Asco (ordem) ; Asco (família) ; Retroconis	0	390	0	0
Asco ; Asco (classe) ; Asco (ordem) ; Asco (família) ; Rhizopycnis	0	0	0	6
Asco ; Asco (classe) ; Asco (ordem) ; Asco (família) ; Tetracladium	0	0	1	11
Asco ; Asco (classe) ; Asco (ordem) ; Asco (família) ; Torula	0	0	4	117
Asco ; Dothideomycetes ; Botryosphaeriales ; Botryosphaeriaceae ; Lasiodiplodia	0	33	2	35
Asco ; Dothideomycetes ; Botryosphaeriales ; Botryosphaeriaceae ; Macrophomina	0	0	0	77
Asco ; Dothideomycetes ; Capnodiales ; Capnodiaceae ; Capnodium	0	0	0	9
Asco ; Dothideomycetes ; Capnodiales ; Davidiellaceae ; Cladosporium	0	233	304	912

Taxon			
Asco ; Dothideomycetes ; Capnodiales ; Davidiellaceae ; Desconhecido	98	51	826	295
Asco ; Dothideomycetes ; Capnodiales ; Dissoconiaceae ; Dissoconium	0	44	0	0
Asco ; Dothideomycetes ; Capnodiales ; Mycosphaerellaceae ; Cryptococcus	0	138	9	18
Asco ; Dothideomycetes ; Capnodiales ; Mycosphaerellaceae ; Ramularia	0	7	0	0
Asco ; Dothideomycetes ; Capnodiales ; Mycosphaerellaceae ; Desconhecido	85	8	0	51
Asco ; Dothideomycetes ; Dothideomycetes (ordem) ; Dothideomycetes (família) ; Epicoccum	982	1829	5455	1165
Asco ; Dothideomycetes ; Pleosporales ; Leptosphaeriaceae ; Leptosphaeria	62	10	420	278
Asco ; Dothideomycetes ; Pleosporales ; Massarinaceae ; Saccharicola	0	0	77	16
Asco ; Dothideomycetes ; Pleosporales ; Phaeosphaeriaceae ; Ophiosphaerella	0	62	0	0
Asco ; Dothideomycetes ; Pleosporales ; Phaeosphaeriaceae ; Phaeosphaeria	263	302	1811	5
Asco ; Dothideomycetes ; Pleosporales ; Phaeosphaeriaceae ; Phaeosphaeriopsis	0	389	0	0
Asco ; Dothideomycetes ; Pleosporales ; Phaeosphaeriaceae ; Desconhecido	0	123	3	80
Asco ; Dothideomycetes ; Pleosporales ; Pleosporaceae ; Alternaria	2587	7298	926	1537
Asco ; Dothideomycetes ; Pleosporales ; Pleosporaceae ; Bipolaris	1	207	4	39
Asco ; Dothideomycetes ; Pleosporales ; Pleosporaceae ; Cochliobolus	87	29	23	74
Asco ; Dothideomycetes ; Pleosporales ; Pleosporaceae ; Curvularia	0	188	1	9
Asco ; Dothideomycetes ; Pleosporales ; Pleosporaceae ; Edenia	22	37	5	23
Asco ; Dothideomycetes ; Pleosporales ; Pleosporaceae ; Stagonospora	0	27	2	42
Asco ; Dothideomycetes ; Pleosporales ; Sporormiaceae ; Preussia	47	682	4	0
Asco ; Dothideomycetes ; Pleosporales ; Sporormiaceae ; Westerdykella	0	83	620	1096
Asco ; Dothideomycetes ; Pleosporales ; Desconhecido ; Desconhecido	58	420	13	133
Asco ; Eurotiomycetes ; Eurotiales ; Trichocomaceae ; Aspergillus	2	193	8	27
Asco ; Eurotiomycetes ; Eurotiales ; Trichocomaceae ; Eurotium	0	48	8	8

Asco ; Eurotiomycetes ; Eurotiales ; Trichocomaceae ; Penicillium	53	715	2	46
Asco ; Eurotiomycetes ; Eurotiales ; Trichocomaceae ; Talaromyces	733	376	329	549
Asco ; Eurotiomycetes ; Eurotiales ; Trichocomaceae ; Desconhecido	0	50	171	381
Asco ; Eurotiomycetes ; Onygenales ; Arachnomycetaceae ; Arachnomyces	0	50	0	0
Asco ; Leotiomycetes ; Helotiales ; Helotiaceae ; Articulospora	0	0	0	14
Asco ; Leotiomycetes ; Helotiales ; Helotiales (família) ; Scytalidium	0	0	70	0
Asco ; Pezizomycetes ; Pezizales ; Ascodesmidaceae ; Cephaliophora	0	325	0	0
Asco ; Saccharomycetes ; Saccharomycetales ; Dipodascaceae ; Galactomyces	0	480	11	0
Asco ; Saccharomycetes ; Saccharomycetales ; Saccharomycetales (família) ; Candida	0	66	0	380
Asco ; Sordariomycetes ; Coniochaetales ; Coniochaetaceae ; Lecythophora	0	66	195	213
Asco ; Sordariomycetes ; Hypocreales ; Bionectriaceae ; Bionectria	680	354	167	366
Asco ; Sordariomycetes ; Hypocreales ; Clavicipitaceae ; Metarhizium	0	0	1	31
Asco ; Sordariomycetes ; Hypocreales ; Hypocreales (família) ; Emericellopsis	21	152	0	0
Asco ; Sordariomycetes ; Hypocreales ; Hypocreales (família) ; Myrothecium	0	825	10	138
Asco ; Sordariomycetes ; Hypocreales ; Hypocreales (família) ; Sarocladium	0	230	0	0
Asco ; Sordariomycetes ; Hypocreales ; Hypocreales (família) ; Stachybotrys	1914	1859	562	827
Asco ; Sordariomycetes ; Hypocreales ; Nectriaceae ; Cylindrocarpon	31	409	49	39
Asco ; Sordariomycetes ; Hypocreales ; Nectriaceae ; Fusarium	408	2401	1517	1196
Asco ; Sordariomycetes ; Hypocreales ; Nectriaceae ; Gibberella	818	2000	0	0
Asco ; Sordariomycetes ; Hypocreales ; Nectriaceae ; Nectria	22	2208	355	0
Asco ; Sordariomycetes ; Hypocreales ; Nectriaceae ; Desconhecido	359	3041	1416	2466
Asco ; Sordariomycetes ; Hypocreales ; Desconhecido ; Desconhecido	200	53	0	0
Asco ; Sordariomycetes ; Magnaporthales ; Magnaporthaceae ; Gaeumannomyces	75	24	3	2

Asco ; Sordariomycetes ; Magnaporthales ; Magnaporthaceae ; Magnaporthe	84	284	0	0
Asco ; Sordariomycetes ; Magnaporthales ; Magnaporthaceae ; Phialophora	54	398	473	3
Asco ; Sordariomycetes ; Microascales ; Gondwanamycetaceae ; Chloridium	0	0	0	35
Asco ; Sordariomycetes ; Microascales ; Halosphaeriaceae ; Periconia	0	259	213	284
Asco ; Sordariomycetes ; Sordariales ; Chaetomiaceae ; Chaetomium	221	2110	155	814
Asco ; Sordariomycetes ; Sordariales ; Chaetomiaceae ; Desconhecido	0	191	0	0
Asco ; Sordariomycetes ; Sordariales ; Chaetomiaceae ; Zopfiella	924	2431	4	287
Asco ; Sordariomycetes ; Sordariales ; Lasiosphaeriaceae ; Cercophora	664	5699	2212	1764
Asco ; Sordariomycetes ; Sordariales ; Lasiosphaeriaceae ; Podospora	1540	10922	327	389
Asco ; Sordariomycetes ; Sordariales ; Lasiosphaeriaceae ; Schizothecium	610	3506	151	151
Asco ; Sordariomycetes ; Sordariales ; Lasiosphaeriaceae ; Zygopleurage	0	2513	6	11
Asco ; Sordariomycetes ; Sordariales ; Sordariaceae ; Desconhecido	43	918	192	2559
Asco ; Sordariomycetes ; Sordariales ; Sordariales (família) ; Paecilomyces (Sordariales)	1584	836	774	480
Asco ; Sordariomycetes ; Sordariales ; Sordariales (família) ; Desconhecido	0	56	47	91
Asco ; Sordariomycetes ; Sordariales ; Desconhecido ; Desconhecido	0	368	878	237
Asco ; Sordariomycetes ; Sordariomycetes (ordem) ; Sordariomycetes (família) ; Myrmecridium	362	6567	874	284
Asco ; Sordariomycetes ; Trichosphaeriales ; Trichosphaeriales (família) ; Nigrospora	443	825	508	683
Asco ; Sordariomycetes ; Desconhecido ; Desconhecido ; Desconhecido	43	11	310	13
Asco ; Sordariomycetes ; Xylariales ; Coniocessiaceae ; Coniocessia	0	76	2	32
Asco ; Sordariomycetes ; Xylariales ; Xylariaceae ; Hansfordia	388	911	206	394
Asco ; Sordariomycetes ; Xylariales ; Xylariales (família) ; Microdochium	396	1256	1204	12
Asco ; Desconhecido ; Desconhecido ; Desconhecido ; Desconhecido ; Desconhecido	149	70	1308	1138
Basidiomycota ; Agaricomycetes ; Auriculariales ; Auriculariales (família) ; Oliveonia	149	70	0	0

Classificação taxonómica				
Basidiomycota ; Tremellomycetes ; Cystofilobasidiales ; Cystofilobasidiales (familia) ; Cryptococcus (Cystofilobasidiales)	2	0	0	0
Basidiomycota ; Tremellomycetes ; Tremellales ; Tremellaceae ; Auriculibuller	0	0	6	31
Basidiomycota ; Tremellomycetes ; Tremellales ; Tremellaceae ; Bulleromyces	0	0	4	24
Basidiomycota ; Tremellomycetes ; Tremellales ; Tremellales (familia) ; Bullera (Tremellales)	0	0	544	0
Basidiomycota ; Tremellomycetes ; Tremellales ; Tremellales (familia) ; Cryptococcus (Tremellales)	64	0	186	10
Basidiomycota ; Tremellomycetes ; Tremellales ; Tremellales (familia) ; Dioszegia	0	0	0	6
Basidiomycota ; Tremellomycetes ; Tremellales ; Tremellales (familia) ; Trichosporon (Trichosporonales)	91	110	409	99
Basidiomycota ; Tremellomycetes ; Tremellales ; Tremellales (familia) ; Desconhecido	0	0	16	43
Basidiomycota ; Wallemiomycetes ; Wallemiales ; Wallemiales (familia) ; Wallemia	0	0	0	3
Fungi (filo) ; Fungi (classe) ; Mortierellales ; Mortierellaceae ; Mortierella	7	1	0	0
Glomeromycota ; Archaeosporomycetes ; Archaeosporales ; Ambisporaceae ; Ambispora	0	17	0	0
Glomeromycota ; Archaeosporomycetes ; Archaeosporales ; Archaeosporaceae ; Archaeospora	499	73	211	920
Glomeromycota ; Glomeromycetes ; Diversisporales ; Scutellosporaceae ; Scutellospora	183	2	0	14
Glomeromycota ; Glomeromycetes ; Glomerales ; Glomeraceae ; Glomus	395	82	0	23
Desconhecido ; Desconhecido ; Desconhecido ; Desconhecido ; Desconhecido	0	184	5	20

5. Distribuição das espécies

Classificação taxonómica	Esc I	Esc II	Esc III	Esc IV
Asco ; Asco (classe) ; Asco (ordem) ; Asco (família) ; Acremonium (Acso) ; Acremonium persicinum	236	1117	98	164
Asco ; Asco (classe) ; Asco (ordem) ; Asco (família) ; Acremonium (Asco) ; Acremonium implicatum	0	0	0	35
Asco ; Asco (classe) ; Asco (ordem) ; Asco (família) ; Acremonium (Asco) ; Acremonium sp Asco	0	197	0	0

Asco ; Asco (classe) ; Asco (ordem) ; Asco (família) ; Acremonium (Asco) ; Desconhecido	0	0	2	12
Asco ; Asco (classe) ; Asco (ordem) ; Asco (família) ; Dokmaia ; Dokmaia sp	393	130	85	130
Asco ; Asco (classe) ; Asco (ordem) ; Asco (família) ; Humicola ; Humicola sp	0	0	941	462
Asco ; Asco (classe) ; Asco (ordem) ; Asco (família) ; Retroconis ; Retroconis fusiformis	0	390	0	0
Asco ; Asco (classe) ; Asco (ordem) ; Asco (família) ; Rhizopycnis ; Rhizopycnis vagum	0	0	0	6
Asco ; Asco (classe) ; Asco (ordem) ; Asco (família) ; Tetracladium ; Tetracladium furcatum	0	0	1	11
Asco ; Asco (classe) ; Asco (ordem) ; Asco (família) ; Torula ; Torula caligans	0	0	4	117
Asco ; Dothideomycetes ; Botryosphaeriales ; Botryosphaeriaceae ; Lasiodiplodia ; Lasiodiplodia pseudotheobromae	0	33	2	35
Asco ; Dothideomycetes ; Botryosphaeriales ; Botryosphaeriaceae ; Macrophomina ; Macrophomina phaseolina	0	0	0	77
Asco ; Dothideomycetes ; Capnodiales ; Capnodiaceae ; Capnodium ; Capnodium sp	0	0	0	9
Asco ; Dothideomycetes ; Capnodiales ; Davidiellaceae ; Cladosporium ; Cladosporium sp	0	46	0	0
Asco ; Dothideomycetes ; Capnodiales ; Davidiellaceae ; Cladosporium ; Desconhecido	0	187	304	912
Asco ; Dothideomycetes ; Capnodiales ; Davidiellaceae ; Desconhecido ; Desconhecido	98	51	826	295
Asco ; Dothideomycetes ; Capnodiales ; Dissoconiaceae ; Dissoconium ; Dissoconium proteae	0	44	0	0
Asco ; Dothideomycetes ; Capnodiales ; Mycosphaerellaceae ; Cryptococcus ; Cryptococcus sp	0	138	9	18
Asco ; Dothideomycetes ; Capnodiales ; Mycosphaerellaceae ; Ramularia ; Ramularia coccinea	0	7	0	0
Asco ; Dothideomycetes ; Capnodiales ; Mycosphaerellaceae ; Desconhecido ; Desconhecido	85	8	0	51
Asco ; Dothideomycetes ; Dothideomycetes (ordem) ; Dothideomycetes (família) ; Epicoccum ; Epicoccum nigrum	982	1829	5455	1165
Asco ; Dothideomycetes ; Pleosporales ; Leptosphaeriaceae ; Leptosphaeria ; Leptosphaeria fungal	0	0	0	9
Asco ; Dothideomycetes ; Pleosporales ; Leptosphaeriaceae ; Leptosphaeria ; Leptosphaeria sp	62	10	420	269
Asco ; Dothideomycetes ; Pleosporales ; Massarinaceae ; Saccharicola ; Saccharicola bicolor	0	0	77	16
Asco ; Dothideomycetes ; Pleosporales ; Phaeosphaeriaceae ; Ophiosphaerella ; Ophiosphaerella agrostis	0	62	0	0

Asco ; Dothideomycetes ; Pleosporales ; Phaeosphaeriaceae ; Phaeosphaeria ; Phaeosphaeria sp	263	302	1811	5
Asco ; Dothideomycetes ; Pleosporales ; Phaeosphaeriaceae ; Phaeosphaeriopsis ; Desconhecido	0	389	0	0
Asco ; Dothideomycetes ; Pleosporales ; Phaeosphaeriaceae ; Desconhecido ; Desconhecido	0	123	3	80
Asco ; Dothideomycetes ; Pleosporales ; Pleosporaceae ; Alternaria ; Alternaria alternata	2587	7298	926	1524
Asco ; Dothideomycetes ; Pleosporales ; Pleosporaceae ; Alternaria ; Desconhecido	0	0	0	13
Asco ; Dothideomycetes ; Pleosporales ; Pleosporaceae ; Bipolaris ; Bipolaris setariae	1	162	0	0
Asco ; Dothideomycetes ; Pleosporales ; Pleosporaceae ; Bipolaris ; Bipolaris sp	0	45	4	39
Asco ; Dothideomycetes ; Pleosporales ; Pleosporaceae ; Cochliobolus ; Cochliobolus homomorphus	87	29	0	0
Asco ; Dothideomycetes ; Pleosporales ; Pleosporaceae ; Cochliobolus ; Cochliobolus lunatus	0	0	5	33
Asco ; Dothideomycetes ; Pleosporales ; Pleosporaceae ; Cochliobolus ; Cochliobolus sativus	0	0	6	31
Asco ; Dothideomycetes ; Pleosporales ; Pleosporaceae ; Cochliobolus ; Cochliobolus sp	0	0	12	10
Asco ; Dothideomycetes ; Pleosporales ; Pleosporaceae ; Curvularia ; Curvularia sp	0	0	1	9
Asco ; Dothideomycetes ; Pleosporales ; Pleosporaceae ; Edenia ; Desconhecido	0	188	5	23
Asco ; Dothideomycetes ; Pleosporales ; Pleosporaceae ; Pleospora ; Pleospora sp	22	37	0	0
Asco ; Dothideomycetes ; Pleosporales ; Pleosporaceae ; Stagonospora ; Stagonospora sp	0	27	2	42
Asco ; Dothideomycetes ; Pleosporales ; Sporormiaceae ; Preussia ; Preussia sp	0	0	4	0
Asco ; Dothideomycetes ; Pleosporales ; Sporormiaceae ; Westerdykella ; Desconhecido	47	682	620	1096
Asco ; Dothideomycetes ; Pleosporales ; Desconhecido ; Desconhecido ; Desconhecido	0	83	13	133
Asco ; Eurotiomycetes ; Eurotiales ; Trichocomaceae ; Aspergillus ; Aspergillus peyronelii	57	107	8	27
Asco ; Eurotiomycetes ; Eurotiales ; Trichocomaceae ; Aspergillus ; Aspergillus versicolor	1	39	0	0
Asco ; Eurotiomycetes ; Eurotiales ; Trichocomaceae ; Aspergillus ; Desconhecido	0	274	0	0
Asco ; Eurotiomycetes ; Eurotiales ; Trichocomaceae ; Eurotium ; Desconhecido	2	193	8	8
Asco ; Eurotiomycetes ; Eurotiales ; Trichocomaceae ; Penicillium ; Penicillium pinophilum	0	0	2	46

Asco ; Eurotiomycetes ; Eurotiales ; Trichocomaceae ; Penicillium ; Penicillium sp	0	48	0	0
Asco ; Eurotiomycetes ; Eurotiales ; Trichocomaceae ; Talaromyces ; Talaromyces flavus	53	715	329	549
Asco ; Eurotiomycetes ; Eurotiales ; Trichocomaceae ; Desconhecido ; Desconhecido	733	376	171	381
Asco ; Eurotiomycetes ; Onygenales ; Arachnomycetaceae ; Arachnomyces ; Arachnomyces gracilis	0	50	0	0
Asco ; Leotiomycetes ; Helotiales ; Helotiaceae ; Articulospora ; Articulospora proliferata	0	0	0	14
Asco ; Leotiomycetes ; Helotiales ; Helotiales (família) ; Scytalidium ; Scytalidium cuboideum	0	0	70	0
Asco ; Pezizomycetes ; Pezizales ; Ascodesmidaceae ; Cephaliophora ; Cephaliophora tropica	0	325	0	0
Asco ; Saccharomycetes ; Saccharomycetales ; Dipodascaceae ; Galactomyces ; Galactomyces geotrichum	0	480	11	0
Asco ; Saccharomycetes ; Saccharomycetales ; Saccharomycetales (família) ; Candida ; Candida parapsilosis	0	0	0	380
Asco ; Saccharomycetes ; Saccharomycetales ; Saccharomycetales (família) ; Candida ; Candida tropicalis	0	66	0	0
Asco ; Sordariomycetes ; Coniochaetales ; Coniochaetaceae ; Lecythophora ; Lecythophora sp	0	0	195	213
Asco ; Sordariomycetes ; Coniochaetales ; Coniochaetaceae ; Desconhecido ; Desconhecido	0	66	0	0
Asco ; Sordariomycetes ; Glomerellales ; Desconhecido ; Desconhecido ; Desconhecido	680	354	0	0
Asco ; Sordariomycetes ; Hypocreales ; Bionectriaceae ; Bionectria ; Bionectria ochroleuca	0	1719	160	209
Asco ; Sordariomycetes ; Hypocreales ; Bionectriaceae ; Bionectria ; Bionectria sp	0	0	7	157
Asco ; Sordariomycetes ; Hypocreales ; Clavicipitaceae ; Metarhizium ; Metarhizium anisopliae	0	0	1	31
Asco ; Sordariomycetes ; Hypocreales ; Hypocreales (família) ; Emericellopsis ; Desconhecido	21	152	0	0
Asco ; Sordariomycetes ; Hypocreales ; Hypocreales (família) ; Myrothecium ; Myrothecium verrucaria	0	825	0	0
Asco ; Sordariomycetes ; Hypocreales ; Hypocreales (família) ; Myrothecium ; Desconhecido	0	0	10	138
Asco ; Sordariomycetes ; Hypocreales ; Hypocreales (família) ; Sarocladium ; Sarocladium glaucum	0	230	0	0
Asco ; Sordariomycetes ; Hypocreales ; Hypocreales (família) ; Stachybotrys ; Stachybotrys bisbyi	0	470	156	0
Asco ; Sordariomycetes ; Hypocreales ; Hypocreales (família) ; Stachybotrys ; Stachybotrys chartarum	1892	1005	388	813
Asco ; Sordariomycetes ; Hypocreales ; Hypocreales (família) ; Stachybotrys ; Stachybotrys longispora	22	384	15	2

Taxonomia				
Asco ; Sordariomycetes ; Hypocreales ; Hypocreales (familia) ; Stachybotrys ; Desconhecido	0	0	3	12
Asco ; Sordariomycetes ; Hypocreales ; Nectriaceae ; Cylindrocarpon ; Cylindrocarpon sp	31	409	49	39
Asco ; Sordariomycetes ; Hypocreales ; Nectriaceae ; Fusarium ; Fusarium oxysporum	0	0	132	105
Asco ; Sordariomycetes ; Hypocreales ; Nectriaceae ; Fusarium ; Fusarium sp	0	33	74	169
Asco ; Sordariomycetes ; Hypocreales ; Nectriaceae ; Fusarium ; Desconhecido	408	2368	1311	922
Asco ; Sordariomycetes ; Hypocreales ; Nectriaceae ; Gibberella ; Desconhecido	818	2000	0	0
Asco ; Sordariomycetes ; Hypocreales ; Nectriaceae ; Nectria ; Nectria sp	22	2208	355	0
Asco ; Sordariomycetes ; Hypocreales ; Nectriaceae ; Desconhecido ; Desconhecido	359	3041	1416	2466
Asco ; Sordariomycetes ; Hypocreales ; Desconhecido ; Desconhecido ; Desconhecido	200	53	0	0
Asco ; Sordariomycetes ; Magnaporthales ; Magnaporthaceae ; Gaeumannomyces ; Gaeumannomyces graminis	75	24	3	2
Asco ; Sordariomycetes ; Magnaporthales ; Magnaporthaceae ; Magnaporthe ; Magnaporthe poae	80	8	0	0
Asco ; Sordariomycetes ; Magnaporthales ; Magnaporthaceae ; Magnaporthe ; Magnaporthe salvinii	4	276	0	0
Asco ; Sordariomycetes ; Magnaporthales ; Magnaporthaceae ; Phialophora ; Phialophora geniculata	54	398	473	3
Asco ; Sordariomycetes ; Microascales ; Gondwanamycetaceae ; Chloridium ; Chloridium sp	0	0	0	35
Asco ; Sordariomycetes ; Microascales ; Halosphaeriaceae ; Periconia ; Periconia macrospinosa	0	0	13	64
Asco ; Sordariomycetes ; Microascales ; Halosphaeriaceae ; Periconia ; Periconia sp	0	259	200	220
Asco ; Sordariomycetes ; Sordariales ; Chaetomiaceae ; Chaetomium ; Chaetomium sp	221	2110	155	814
Asco ; Sordariomycetes ; Sordariales ; Chaetomiaceae ; Desconhecido ; Desconhecido	0	191	0	0
Asco ; Sordariomycetes ; Sordariales ; Chaetomiaceae ; Zopfiella ; Desconhecido	853	82	4	251
Asco ; Sordariomycetes ; Sordariales ; Chaetomiaceae ; Zopfiella ; Zopfiella erostrata	0	25	0	33
Asco ; Sordariomycetes ; Sordariales ; Chaetomiaceae ; Zopfiella ; Zopfiella latipes	71	274	0	3
Asco ; Sordariomycetes ; Sordariales ; Chaetomiaceae ; Zopfiella ; Zopfiella sp	0	2050	0	0
Asco ; Sordariomycetes ; Sordariales ; Lasiosphaeriaceae ; Cercophora ; Cercophora coprophila	0	156	421	1273

Asco ; Sordariomycetes ; Sordariales ; Lasiosphaeriaceae ; Cercophora ; Cercophora coronata	12	1364	1391	418
Asco ; Sordariomycetes ; Sordariales ; Lasiosphaeriaceae ; Cercophora ; Cercophora mirabilis	652	4179	400	73
Asco ; Sordariomycetes ; Sordariales ; Lasiosphaeriaceae ; Podospora ; Podospora communis	0	7358	290	119
Asco ; Sordariomycetes ; Sordariales ; Lasiosphaeriaceae ; Podospora ; Podospora intestinacea	1540	3564	37	270
Asco ; Sordariomycetes ; Sordariales ; Lasiosphaeriaceae ; Schizothecium ; Schizothecium carpinicola	372	3392	138	114
Asco ; Sordariomycetes ; Sordariales ; Lasiosphaeriaceae ; Schizothecium ; Schizothecium fimbriatum	238	114	13	37
Asco ; Sordariomycetes ; Sordariales ; Lasiosphaeriaceae ; Zygopleurage ; Zygopleurage zygospora	0	2513	6	11
Asco ; Sordariomycetes ; Sordariales ; Sordariaceae ; Desconhecido ; Desconhecido	43	918	192	2559
Asco ; Sordariomycetes ; Sordariales ; Sordariales (família) ; Paecilomyces (Sordariales) ; Paecilomyces sp Sordariales	1584	836	774	480
Asco ; Sordariomycetes ; Sordariales ; Sordariales (família) ; Desconhecido ; Desconhecido	0	0	47	91
Asco ; Sordariomycetes ; Sordariales ; Desconhecido ; Desconhecido ; Desconhecido	0	56	878	237
Asco ; Sordariomycetes ; Sordariomycetes (ordem) ; Sordariomycetes (família) ; Myrmecridium ; Myrmecridium flexuosum	0	0	7	94
Asco ; Sordariomycetes ; Sordariomycetes (ordem) ; Sordariomycetes (família) ; Myrmecridium ; Myrmecridium schulzeri	0	0	128	83
Asco ; Sordariomycetes ; Sordariomycetes (ordem) ; Sordariomycetes (família) ; Myrmecridium ; Myrmecridium sp	0	368	739	107
Asco ; Sordariomycetes ; Trichosphaeriales ; Trichosphaeriales (família) ; Nigrospora ; Nigrospora sp	0	0	11	95
Asco ; Sordariomycetes ; Trichosphaeriales ; Trichosphaeriales (família) ; Nigrospora ; Desconhecido	362	6567	497	588
Asco ; Sordariomycetes ; Desconhecido ; Desconhecido ; Desconhecido ; Desconhecido	443	825	310	13
Asco ; Sordariomycetes ; Xylariales ; Coniocessiaceae ; Coniocessia ; Coniocessia nodulisporioides	43	11	2	32
Asco ; Sordariomycetes ; Xylariales ; Xylariaceae ; Hansfordia ; Hansfordia sp	0	76	206	394
Asco ; Sordariomycetes ; Xylariales ; Xylariales (família) ; Microdochium ; Microdochium nivale	0	0	120	12
Asco ; Sordariomycetes ; Xylariales ; Xylariales (família) ; Microdochium ; Microdochium sp	388	911	1084	0
Asco ; Desconhecido ; Desconhecido ; Desconhecido ; Desconhecido ; Desconhecido	396	1256	1308	1138

Basidio ; Agaricomycetes ; Auriculariales ; Auriculariales (família) ; Oliveonia ; Oliveonia pauxilla	149	70	0	0
Basidio ; Tremellomycetes ; Cystofilobasidiales ; Cystofilobasidiales (família) ; Cryptococcus (Cystofilobasidiales) ; Cryptococcus macerans	2	0	0	0
Basidio ; Tremellomycetes ; Tremellales ; Tremellaceae ; Auriculibuller ; Auriculibuller fuscus	0	0	6	31
Basidio ; Tremellomycetes ; Tremellales ; Tremellaceae ; Bulleromyces ; Bulleromyces albus	0	0	4	24
Basidio ; Tremellomycetes ; Tremellales ; Tremellales (família) ; Bullera (Tremellales) ; Bullera variabilis	0	0	544	0
Basidio ; Tremellomycetes ; Tremellales ; Tremellales (família) ; Cryptococcus (Tremellales) ; Desconhecido	64	0	186	10
Basidio ; Tremellomycetes ; Tremellales ; Tremellales (família) ; Dioszegia ; Desconhecido	0	0	0	6
Basidio ; Tremellomycetes ; Tremellales ; Tremellales (família) ; Trichosporon (Trichosporonales) ; Desconhecido	0	0	409	99
Basidio ; Tremellomycetes ; Tremellales ; Tremellales (família) ; Trichosporon (Trichosporonales) ; Desconhecido	91	110	0	0
Basidio ; Tremellomycetes ; Tremellales ; Tremellales (família) ; Desconhecido ; Desconhecido	0	0	16	43
Basidio ; Wallemiomycetes ; Wallemiales ; Wallemiales (família) ; Wallemia ; Wallemia sp	0	0	0	3
Fungi (filo) ; Fungi (classe) ; Mortierellales ; Mortierellaceae ; Mortierella ; Desconhecido	7	1	0	0
Glomero ; Archaeosporomycetes ; Archaeosporales ; Ambisporaceae ; Ambispora ; Ambispora leptoticha	0	17	0	0
Glomero ; Archaeosporomycetes ; Archaeosporales ; Archaeosporaceae ; Archaeospora ; Archaeospora sp	499	73	211	920
Glomero ; Glomeromycetes ; Diversisporales ; Scutellosporaceae ; Scutellospora ; Scutellospora sp	183	2	0	0
Glomero ; Glomeromycetes ; Diversisporales ; Scutellosporaceae ; Scutellospora ; Desconhecido	0	0	0	14
Glomero ; Glomeromycetes ; Glomerales ; Glomeraceae ; Glomus ; Glomus indicum	0	0	0	15
Glomero ; Glomeromycetes ; Glomerales ; Glomeraceae ; Glomus ; Glomus sp	395	82	0	0
Glomero ; Glomeromycetes ; Glomerales ; Glomeraceae ; Glomus ; Desconhecido	0	0	0	8
Desconhecido ; Desconhecido ; Desconhecido ; Desconhecido ; Desconhecido ; Desconhecido ; Desconhecido	0	184	5	20

Printed by Books on Demand GmbH, Norderstedt / Germany